佐藤俊雄
SATO Toshio

砂糖と塩の人生レシピ

Sugar and Salt

文芸社

はじめに

本書は、「砂糖」と「塩」と言うたった二つの物質を取り上げ、それぞれのもつ本質とそれにかかわるさまざまな事象に可能な限り触れ、両者を人生に関連づけて味つけし、「うまみ（旨味）」を出そうと試みたものである。

また、著者が「人生80年」を超えたいま、もうひと踏ん張りして、良い思い出を一つにまとめて、いままで著者の人生にかかわった多くの方々に多少なりとも恩返しできたらと記したものである。

そうは言っても、著者の能力・知識・発想・行動力・情報力などの不足がたたって、思ったほどの内容は書けず、ご期待に添うところまでに至っていない。また、大事なことの欠如や、誤解や誤り、あるいは無理解などがあって、お見苦しい点が多々あるかもしれない。そのようなことがあれば、あらかじめご容赦をお願いしておきたい。

とはいえ、この二つの物質のもつ底知れぬ力が、いかに広く長く奥深いものであるかを少しでも認識し、人生と重ね合わせることができただけでも、ここに取り上げる意味はあると思う。

砂糖と塩を根っから好まない方、どちらか一方を好まない方もいらっしゃるであろうが、ともあれ、最後まで辛抱強く目を通していただければ幸いである。

二〇二五（令和七）年二月

佐藤　俊雄

目次

SUGAR
SALT
SUGAR

砂糖と塩の人生レシピ

地球と人類

地球はいまから四十六億年前に太陽系の惑星の一つとして誕生した。そのドロドロに溶けた千数百度のマグマの塊である原始地球は、当初、内部から高温ガスを発生させ、その成分は水蒸気・二酸化炭素・窒素などであった。四十六億年前の地球誕生の時にまだ海はなかった。

地球が誕生してから二億年あと、地球が冷えて地表の温度が下がると、水蒸気は水滴や雨となり、これが地表に溜まって原始の海になった。ただ、この原始の海は雨の中の塩酸などが注ぎ込んだ「酸性」の海であったが、地表のカルシウムやナトリウムなどが海中に溶け、現在のような「中性」の海になったようである。

誕生した地球は宇宙空間から見れば青く輝く小さな星である。その青さのほとんどは海水の色を反映している。つまり、地球は海水に覆われた惑星である。

現在のところ、地球最古の岩石は、グリーンランド南西部のイスア地域に露出している「アミツォク片麻岩」で、三十八億年前のものである。この片麻岩の元は堆積岩であったことから、海の起源は三十八億年より前であったと推定される。

約三十億年前から三十五億年前に原始大気中のメタンやアンモニアが元になって炭素化合物が生成され、これが海中に溜まり、次第に複雑な有機物となり、ついにタンパク質ができた。これが薄い膜に包まれた有機物の粒子（コアセルベート）になり、これと海水の成分とが複雑に入り混じって、増殖し、細胞と言える生物が誕生した。そして二十五億年前に、二酸化炭素が減少し、酸素が増加して地球環境が好転した。そこで地球上に生命が誕生した。

つまり、地球上の生命の起源は海水の中である。塩分を含む海水であり、生命誕生にかかわる塩は、海の精であり、地球上の生命を支える「命の塩」である。塩は海水の賜物であると同時に、地球上の生命を支え続けてきた至宝である。

ただ、海は最初から塩辛くはなかった。地球の水は地表の土壌や岩石を溶かしていくうちに次第に塩辛くなっていった。海水は蒸発して地表に雨や雪として降り、それが河川となって海に戻る。河川は岩石を溶解し、岩石に含まれている塩類を溶かしながら土砂を海に運んで流れ込み、海水を塩辛くした。

海水は塩類の受け皿となり、ここに生物生育の環境をつくった。

このような環境で海水の濃度は高くなりそうであるが、河川中の物質はそのまま粘土や石灰石などとなって海底に堆積し、海水が海底の粘土や鉱物、大気と平衡関係を保つため、海水の塩分濃度を重さでは海水一〇〇グラム中に三・四~三・五グラムに、濃度では三・四~三・五%に一定に保ってきた。場所によって異なるが、この平衡状態は一億年間ほとんど変化せず、ほぼ一定である。

以上のように、砂糖と塩のうちで、地球に最初に登場したのは塩である。その海水と人体の構成元素はよく似ている。人間の体液中に含まれる塩分濃度は三・四%で、水の塩分濃度に対応している。海水のpHは7.4~8.3で、人間の血液のpHは約7.4で類似している。

人類（ホモ・ハビリス）が出現したのは第四紀の約二百万年前のことである。人類は火を使い、獲物を火で調理して食べることを覚え、海の藻塩《もしお》を使った。調味料として使うことを最初に知ったのが塩である。

砂糖が地球上に登場したのは、人類が出現してから、ずっとあとのことである。燦燦《さんさん》と地球に降り注ぐ太陽の光を取り込んだ植物は「糖」をつくる。地球上で最初につくられるエネルギーが糖である。砂糖の原料であるサトウキビ（甘蔗《かんしょ》）は、太陽光線のエネルギーや二酸化炭素と水を取り入れ、地球における生命活動の基本である光合成をおこなう貴重な産物の一つである。

インドで野生の「甘い葦《あし》」として自生していたサトウキビはイネ科のサッカルム属の多年生野生種で、その原生地はニューギニア島とその周辺諸島であるとされる。これがインドから西方にはイラン・イラク・エジプトへ、東方にはフィリピン・中国・沖縄へと広まった。インドの原生地はガンジス川流域と言われ、インド人がこの甘い葦の茎から最初に砂糖をつくり出した。紀元前三二七年、インドに遠征したアレクサンドロス大王の記録に、その砂糖らしきものが記されている。

それでも砂糖の誕生は、海から誕生した塩よりもずっと新しく、したがって、砂糖の誕生の歴史は、塩の歴史に比べて比べものにならないほど極めて浅い。しかし、その重要性は塩と変わらず、むしろ後述するように、勝るとも劣らない関係にあると言える。

ちなみに、砂糖大根（甜菜《てんさい》・ビート）の原産地は地中海沿岸地域で、紀元前六世紀頃から栽培され、根から砂糖用として得るために栽培されたのは一八世紀中頃で、歴史的にはサトウキビよりもさらに新しい。

後述するように、砂糖の誕生の歴史が浅いとはいえ、砂糖にかかわる出来事は、地球上のほぼ全域にまたがる重大な出来事であった。砂糖の甘みは人類を魅了し、喜びや満足感を与え、世界の歴史を大きくダイナミックに一変させる原動力となったのである。

赤ちゃん誕生

この地球上における生命の起源は、三十億年以上も前の海の中である。海水に含まれる塩は、人間の生命を維持するために欠かせない。生命が誕生する時、海水の塩が不可欠であり、塩なくして人間は出現しなかった。人間は塩とえん（縁）がなければ生きてゆけない。塩は命の素であり、命を育む。

すべての「生命」の祖先は「海」の中に生まれて命を「生み」出した。これが「うみだす」の語源である。

人間の体で海と同じ役割を果たしているのが血液である。人間の六十兆個の細胞は血液という海の中に浮いているに過ぎない。

動物の体液で共通しているのは、主要元素が塩素とナトリウム（塩）と言うことである。ゆえに、人間の赤ちゃんは母親の胎内に宿り生まれ出ずるまで塩分とえん（縁）があった。母胎の羊水は「いのちの水」であり、「栄養の精」であり、「いのちの綱」であり、言わば「古代の海水」である。胎児は十月十日《とつきとおか》の間、口・鼻・耳などすべて羊水に浸《つ》かっている。

胎児は十月十日の間、母親のお腹の中で、絶え間なく響く母親の血潮のざわめき、潮騒《しおさい》（心臓の拍動）を聞いて過ごしている。潮騒は生命の子守唄であり、大いなる母親の心（リズム）でもある。

大腸菌やゾウリムシなどの単細胞生物は一般に甘い物質に近づき、苦いものからは逃げていく。人間の赤ちゃんも甘いものを口にすると、とても幸せそうな顔をするが、苦いものだと口をへの字にして顔をしかめる。母乳にはグルタミン酸が多く含まれており、赤ちゃんは生まれて初めて「甘み」に出合う。母乳には乳糖（ラクトース）やオリゴ糖も含まれる。この甘みのお陰で赤ちゃんはドクドクと母乳を飲み、生きようとする力がドンドンと増強される。甘みは赤ちゃんの時にすでに好きになっているわけである。赤ちゃんの甘みに対する味覚反応は、怒り・憎しみ・恨み・つらみなどの負の反応を示さず、快感でリラックスし、笑顔で満足気な反応を示す。苦味に対しては、拒否的・拒絶的で顔をしかめる、舌を引っ込める、そして泣きじゃくる。砂糖の甘みは、赤ちゃんを含めて、初めて口にする人間すべてが好きになる。

古代、人類の誕生から、甘いものは旨いものとして人間の心に安らぎをもたらしてきた。甘いものを食べながら恐い顔をする人間はいない。人間の生涯は、元来、苦くてつらいものだから、せめて最初はニコニコ顔になる。実験心理学者ハワード・モスコウィッツは、味の魅力が最大になる点を「至福ポイント」と名づけた。赤ちゃんの心理状態を表していると言える。

人間の舌の上面や軟口蓋《なんこうがい》には、約一万個の味覚を感じる器官で味覚受容器ともいう味細胞「味蕾《みらい》」があり、この味蕾が神経伝達物質（セロトニン）を放出し、味神経を活性化して脳に伝達する。

甘みへの嗜好は、子供の生体の基本要素であり、大人に比べて子供たちはとくに甘い食べ物を好む。沖縄の子供たちは、黒糖を使った蒸しパンや穴なしドーナツのような揚げ菓子のサーターアンダギーのおやつが大好きで、これらを食べて身体を動かすエネルギーを得ている。

人間の砂糖への愛は、生まれながらのもので、人間には甘い食べ物を好む遺伝子が組み込まれている。生まれつき砂糖が嫌いな人間はいない。世界中の誰からも好まれている。

とにかく、砂糖は、赤ちゃんの脳と体を動かすエネルギーと心の安らぎにとって、必要不可欠なものなのである。

脳とエネルギー

砂糖は、紀元前七〇〇〇～八〇〇〇年頃から人類に貴重なエネルギーを与えてくれた。

また、繰り返すまでもなく、海水とほぼ同じ成分の羊水の中を漂っていた胎児が生まれ出て、直ちに口にするのが糖分のある甘い母乳である。つまり、赤ちゃんが生まれ出るには糖分と塩分が必要であった。

この糖分と塩分は人間がこの先ずっと成長していく上でも不可欠である。それは、生命を維持する脳が要求するからである。

脳には砂糖の栄養機能が必要不可欠である。脳が正常に動いて機能するためには、血液・酸素・脂質・タンパク質などが必要であるが、とくに脳には栄養供給源であるグルコース（ぶどう糖）やフルクトース（果糖）などの糖分が必要である。つまり、脳を働かせる唯一の栄養分がこの甘味な糖分であるということである。

ぶどう糖は、脳を働かせる唯一の栄養分で、脳が唯一消費可能なエネルギー源である。健康な成人であれば、脳には少なくとも一日に一二〇〜一五〇グラム程度のぶどう糖（糖分）が必要とされる。砂糖は体内で消化され、ぶどう糖となって吸収され、脳や体の即効性エネルギー源となり、脳や体に活力を与える。脳はぶどう糖以外のものをエネルギー源にすることができない。具体的には、体重七〇キログラムの男性の一日の炭水化物の必要摂取量が三七〇グラムとすると、脳はこの二四％を使用する。つまり、ぶどう糖を約九〇グラム必要とする。

脳内の神経伝達物質であるセロトニンをつくるアミノ酸とぶどう糖をすばやく補給することができる砂糖は、脳内でオキシトシンの分泌を促し、セロトニンの働きを活発化させ、脳や心をリラックスさせる。

砂糖からのぶどう糖を適量に摂取して血糖値が上がることで、脳の記憶力・集中力・

認識力が向上する。砂糖摂取効果には、あとでも触れるが、脳の活性化(記憶力アップ)・ストレス解消(身心のリラックス効果)・老化防止・過剰食欲の抑制・興奮鎮静化・水分蓄積・眠気誘発などがある。

ある生活者の一日のライフスタイルを例で示そう。

朝、目覚めた時のスプーン一杯の砂糖が、脳に活力を与える。砂糖(ぶどう糖)は脳のごはん代わりになる。

昼(日中)、適度に糖分を摂取すると、脳がリラックスして、精神的・肉体的疲れを癒し、仕事の効率を上げる。

夜(就寝一~二時間前に)、砂糖入りのミルク(水分)を飲むと、興奮を鎮め、眠気を誘い、寝つきが良く、快適に睡眠できる。

繰り返すまでもなく、砂糖(ぶどう糖)は脳に活力を与える脳のごはん(エネルギー)と言って良い。ただし、脳はエネルギーを蓄えておくことができない。したがって、砂糖を始めとする糖分は、脳全体の破壊と再生という絶えず変化して止まない脳細胞にとって、絶やすことなく常に補給する必要がある。

ただし、異性化液糖（人工甘味料）の代表である「スクラロース」は、砂糖分子の水酸基の一部を塩素に変換したもので、この種の甘味料は、舌の甘味受容体を容易にだまして結合し、脳に本物でない甘みを異常な甘みに感じさせ、病気のリスクを高めるので注意を要する。

ところで、塩はそのままではエネルギーにならず、体の中に入って食べ物の循環を良くしながらエネルギー（熱源）になり、脳の活性化や健康保全を促進する。塩分は体内の水分を調整し、筋肉を動かすためだけでなく、脳血流と脳血管を正常かつ健康に維持するために不可欠である。

人間の血液は常に〇・九％の塩分濃度を維持する必要がある。日本人の成人一日当たりの食塩摂取量の基準は一〇グラム前後と言われている。後述するが、この塩分が不足すると、脳の血管が詰まったり、もろくなったり、破裂する危険性がある。また、脳血流の循環が悪くなり、滞り、脳機能は低下し、脳の神経細胞だけでなく、自律神経にも異変が起きて、さまざまな障害が起こる。また、逆に摂取する塩分濃度が高過ぎると、血液が正常に機能しなくなり、障害が起こる。

つまり、人間は塩がないと生きてゆけない。それゆえ、年齢・季節・ライフスタイル・生活習慣などに応じて、絶えず適切な塩分の摂取量を調節しなければならない。しかも、できるだけ精製塩ではなく、体に良いミネラルが豊富な自然塩から摂取することが望ましい。できるだけ「減塩量」でなく、「適塩量」を摂取する食習慣が求められる。

人間にとって塩がなければ生きてゆけない。これは人間が生まれてからの宿命、言わば、腐れ塩《えん》……もとい、腐れ縁なのである。

原産地

サトウキビの発生地であり原産地は、ニューギニア島とその周辺の島々であるとされる。

野生の甘い葦として自生していた茎の蜜を砂糖にしたのはインド人と言われ、発見された葦（サトウキビ）はイネ科サッカルム属の多年生野生種であった。

先にも触れたように、砂糖の誕生は、塩よりもずっとずっと新しく、塩の歴史に比べて極めて浅い。

世界の「砂糖の道」の陸の起点は、インドの原産地であるガンジス川流域と言われ、インドから西方にパキスタン～イラン（ペルシャ）～イラク～エジプトへと拡大した。

東方へはインドネシア～マレーシア～インドシナ半島～中国～フィリピン～沖縄へと

広まった。

これらの普及推進役は、マケドニア王国のアレクサンドロス大王の東方（インド）大遠征（紀元前三二五～三二七年前後）に従軍し、インダス河のデルタ地帯の諸都市で活動した兵士たち、紀元後五世紀以降のイスラムの国々の商隊、ヴェネツィアの商人たち、マルコ・ポーロの東方遠征、そしてコロンブスによる大航海などであり、これらによって砂糖は世界中に拡大した。

その後の、逆「砂糖の道」とも言える道程の起点はリスボンで、ここからポルトガル～アムステルダム～ゴア～マカオ、そしてイエズス会（ルイス・フロイス）を経由し、台湾～出島へと拡大し、ここがアジアの終点となった。

海の起点ではヴァスコ・ダ・ガマにより喜望峰～カリカット～サン・サルバドル島、そしてコロンブスの大航海、ポルトガル人がアフリカの人びとを奴隷として使ったプランテーション農園、マゼランによるフィリピン・セブ島へと拡大した。

一五世紀半ば、ムスリム商人からサトウキビの栽培法と製糖技術を学んだポルトガル人は、西アフリカ沿岸のマディラ諸島やアゾレス諸島でサトウキビの栽培に着手した。一方、スペイン人は、カナリア諸島で同じくサトウキビ栽培と砂糖生産を開始した。

人間の生命と体と脳に不可欠な糖分（ぶどう糖）を補給する砂糖が、最初に日本に登場したのは輸入品の砂糖である。

砂糖は鎌倉時代（一一九二～一三三三年頃）に宋から上流階級の嗜好品として輸入された。

安土桃山時代から江戸時代初期の一五七三～一六二三年頃になると、ポルトガルからの輸入砂糖が貴族社会に珍重された。一六三六年に長崎の出島に着いた砂糖は、砂糖菓子と共に、輸入品というよりはオランダ船の船底を安定させるためのバラストの役割として砂糖籠や砂糖袋に入れられたものであった。

国内では、一六〇九年に薩摩国（奄美大島）大島郡大和《やまと》（浜《はま》）村《そん》の直《すなお》川智《かわち》が、中国の福建省でサトウキビ栽培と黒砂糖の製法を学び、帰国後の一六一〇年頃にサトウキビを初めて栽培し、また黒砂糖の製造に成功した。

琉球（沖縄）では、一六二二～一六二三年に儀間真常《ぎましんじょう》がやはり中国の福建省で製糖法を学び、黒砂糖を製造した。奄美大島の田畑（旧笠利《かさり》）家は、埋め立て工事によって島内でのサトウキビ畑の作付面積の拡大、栽培と増産、砂糖搾り用歯車（水車・鉄輪車）の技術・管理などに大いなる役割を果たした。こうして一七世紀には奄美と琉球で砂糖生産が本格化した。

一八世紀の初めになると、江戸幕府が国産の砂糖生産を奨励したため、砂糖生産は本格化し、国内の各地に砂糖の産地が生まれた。この普及に一役買ったのが八代将軍徳川吉宗で、江戸城内の吹上御庭（吹上御苑）でサトウキビ栽培を試行させた。

江戸時代の中頃になって、幕府奨励の一環として、武蔵国で白砂糖が生産されるようになった。横浜港の大黒ふ頭にあった「横浜さとうのふるさと館」（一九九七年五月開館～二〇〇四年五月閉館）は、三百年前の江戸時代中頃に武蔵国橘樹郡《たちばなぐん》と呼ばれ、日本の白砂糖発祥のふるさとの地にあった。そして旧東海道の宿場町の川崎宿や神奈川宿の住民らが和糖製法を確立した。のちの横浜港開港後は全国の八〇～九〇％を占める砂糖輸入の中心地となる。

一九世紀後半になって、四国地方の讃岐（香川）や阿波（徳島）で「和白糖《わはくとう》」と呼ばれる精白糖《せいはくとう》がつくられた。

明治時代になると、輸入砂糖が全国に流入し、国産砂糖の生産は急速に減少した。そんな中で、讃岐、阿波などでつくる「和白糖」は「和三盆《わさんぼん》」と呼ばれ、今日まで生き残った。

南大東島では一九〇〇（明治三三）年に、八丈島出身の玉置半右衛門《たまおきはんえもん》が八丈島から二十三人の開拓者を送り込んで密林を切り開き、トロッコ鉄道や道路、埋立地をつくってサトウキビを栽培した。ずっとのちの一九六四（昭和三九）年には大日本精糖（現DM三井製糖ホールディングス）のもとで、住民らが全島にサトウキビ畑を拡大し、手つかずの無人島を一大サトウキビ産地にした。

一方、塩の生産の歴史は、人類の歴史と共に始まったと言えるが、日本でも古墳・縄文時代から塩の生産がおこなわれ、食品として利用されていた。そのため日本には全国各地にその地域ならではの産地が生まれた。

日本人は、古代から海藻《かいそう》多食民族と言われ、縄文人は、海岸でカリウムとナトリウムを多く含んでいる海藻を採取し、浜辺で乾燥させ、これを焼く藻塩焼《もしおやき》で「灰塩《はいじお》」をつくり、製塩土器を使って保存用の食品もつくっていた。これが塩製品第一号で、内陸住民との貴重な交易品にもなった。「灰塩」については、時雨音羽氏が『塩と民族』(昭和十八年刊・日本講演協會)の中で「鹽竈由來記《しおがまゆらいぎ》」の一節を取り上げ、若干触れている。

古代の遺跡から製塩土器が発掘され、藻塩の焼き跡がある。古代で製塩が盛んにおこなわれたのは北九州・長門・周防であり、続いて淡路・播磨などである。日本書紀(七二〇年)には「魚塩地《ぎょえんち》」や「塩地」の名があり、塩づくりのための土地や場所があったことを示している。

古代より「塩椎神《しおつちのかみ》」「塩土老翁《しおつちのおじ》」と言われる塩の神様がおり、伊勢神宮の御塩殿《みしおどの》神社(八〇四年以前創建)では毎年十月に御塩殿祭が、宮城県の鹽竈神社(末社・御《お》釜《かま》神社)では毎年七月に「藻塩焼神事」が催され、塩をつくり、塩を運んだ先人たちの姿を再現している。県指定無形民俗文化財である。これらの神事は、いまもなお当時の塩業の姿を映し出している。

播磨国の的形《まとがた》の塩浜は七二九～七六六年の天平年間に、僧侶行基《ぎょうき》によって開発されたと言われている。

八世紀頃に、自然浜を利用した「揚げ浜式塩田」による製塩が能登の羽咋《はくい》でおこなわれ、奥能登海岸から敦賀海岸にかけて、とくに、珠洲市の仁江《にえ》海岸で盛んにおこなわれた。いまでも石川県珠洲市仁江町の角花《かくはな》家五代目の角花 豊氏と六代目の角花 洋氏が五～十月に「揚げ浜式塩田」による製塩を四百年の伝統を守っておこなっており、国の重要無形民俗文化財になっている。なお、能登半島地震後も六代目がこの伝統を守り続けている。

七五四～七五六年には「塩堤」という築造の記録があり、八七五年には赤穂《あこう》に「塩浜」が整備され、製塩作業ができるような塩づくりの土地や場所の整備がなされ、塩砂（採かん）法で塩竈が常用されていたことが「法隆寺資財帳」に記されている。

歌人藤原定家《ふじわらのさだいえ》が百人一首に「来ぬ人を　松帆の浦の　夕なぎに　焼くや藻塩の

身もこがれつつ」と詠ったほど、平安時代末期の一一六〇年頃から鎌倉時代初期の一二四〇年頃には貴族階級にまで藻塩が知れ渡っていた。

一四世紀になって、播磨国・姫路の福泊《ふくどまり》海岸が開拓された。一六世紀末から鍬《くわ》島《じま》・八木・曽根・伊保・荒井に塩浜開発が進められた。一七世紀には、全国各地で塩浜開発が盛んにおこなわれた。一六四六年に赤穂御崎《あこうみさき》海岸に大規模な「入り浜式塩田」が造成された。

そして、一九世紀になると、久米栄左衛門《くめえいざえもん》（通賢《みちかた》）が現れる。彼は坂出塩田を開発したいと高松藩に建白書（建議）を提出した。塩田開発の立地条件は瀬戸内式気候、潮の干満差、砂浜の多い海岸線を有することであり、ここが適地であると指摘したため、この要求が叶い、一八二九年に坂出塩田延べ約一三二町歩（一三二万平方メートル）を開発した。しかし、藩の助成（二万両）だけでは足りず、私財を補填して工事費に充てた。その効あって、当時、坂出塩田生産は全国シェアの三〇％以上を占めるようになった。通賢は、また高松藩に砂糖の流通統制についても建白しており、彼は塩田だけでなく、砂糖を通して土地資源を有効活用し、また改良し、それを効果的に流通させることで、地域の活性化を計った。

このように日本では、砂糖は海外からもたらされ、塩は砂糖よりも古い時代から国内で賄われた。歴史の始まりは大いに異なるが、両者が人間にとって不可欠であることは、当初からまったく変わらない。

生産地

原産地と生産地は必ずしも一致しない。以下では、砂糖と塩の日本の主要な生産地を見てみよう。

国産の砂糖がつくられ始めたのは江戸時代である。一六一〇年頃に奄美大島で栽培されたサトウキビからの砂糖生産は、その後、急速に全島に拡大し、奄美大島は一大生産地となった。

一八世紀初めに、八代将軍徳川吉宗がサトウキビの栽培を奨励し、自ら城内の吹上御庭で試作させ、各藩にも栽培の実験をさせた。その結果、四国・中国・近畿地方でサトウキビが栽培された。一九世紀後半には、讃岐（香川）・阿波（徳島）などで精白糖がつくられた。それは「和白糖」と呼ばれた。明治時代に、外国産の砂糖が大量に流入し、その後、琉球と讃岐、阿波の「和三盆」だけが生き残り、他の生産地は姿を消した。

今日の日本のサトウキビ産地を県別で見ると、沖縄県が六〇・九%、鹿児島県が三九・一%で、両県で寡占化している。このうちの特筆すべき産地は、沖縄県の伊江《いえ》島《じま》・南大東島・波照間島《はてるまじま》、鹿児島県の奄美大島のとくに喜界島《きかいじま》、それに種子島の沖ヶ《おきが》浜田《はまだ》などである。サトウキビの収穫は沖縄や鹿児島の冬の風物詩として名高い。十二月から翌年三月頃までに刈り取る風景は、亜熱帯地方の冬の季節の感じをよく特徴づけている。ちなみに、沖縄ではサトウキビのことを「ウージ」と呼ぶ。

日本人が住む最南端の島である波照間島の島民は半農半漁で、漁業はかつお漁やかつお節生産で、農業の主力はもちろんサトウキビ生産である。一九六三（昭和三八）年に波照間製糖工場が完成して一大生産地になった。

片や日本の塩は、ほとんど海岸で生産される。とくに、瀬戸内海沿岸は古くからの海塩生産地である。「十州塩田」と呼ばれ、赤穂・伯方《はかた》・三田尻・宇多津《うたづ》・上蒲刈《かみかまがり》島《じま》・坂田などの産地が名高い。

いまは地名だけしか残っていないが、かつての生産地としては、川崎の大師河原塩田が江戸時代、千葉県市川の行徳《ぎょうとく》塩田に次ぐ東京湾の塩の一大生産地であった。現在、川崎市で塩づくりを再現しようと、地元の有志団体「縁（塩）結びプロジェクト」がこれに挑戦しつつある。また、行徳塩田は江戸幕府の保護のもとで関東地方最大の製塩地となり、江戸町民に「行徳の塩」と呼ばれていた。

前述したように、伊勢神宮や鹽竈《しおがま》神社末社・御釜《おかま》神社での塩にかかわる神事は、いまもなお、当時の塩生産の繁栄の面影を映し出している。

同様に、隠岐の海士町《あまちょう》では、後鳥羽上皇を祀る隠岐神社に塩を奉納するために、保々見《ほぼみ》地区の一角に海士御塩司所《あまおんしおつかさどころ》を設置し、二〇〇五（平成一七）年から第三セクター「ふるさと海士《あま》」の製塩所が生産を開始した。保々見湾からミネラルの豊富な海水を採取し、天井から吊るした千本近い竹に海水をかけながら濃縮し、薪《まき》で釜焚きをしたのち、天日《てんぴ》で乾かし、地元ブランド「海士乃塩《あまのしお》」を生産する。塩は生き物と同じで、気温や湿度によって出来具合が異なる。そこで、天候によって釜焚きや天日乾燥の時間などを微妙に調整し、新商品「サラン・オキ」をつくる。

隠岐の伝統である「隠岐古典相撲」行事は、土俵に上がる力士に観衆が大量の塩をかけて激励する「塩降る土俵」と言われる。


この他、現在の特殊な生産地を二つ挙げてみよう。

一つは、海でなく、鄙びた山あいの天然の温泉から採取する「山塩《やましお》」である。長野県大鹿村《おおしかむら》にある鹿塩《かしお》温泉の湯元「山塩館」は、地底七〇〇メートルから湧き上がる自家源泉(塩化物強塩冷鉱泉)を、薪炊きで朝から夕方までじっくり煮込み、残った塩分から塩を精製している。塩分濃度は海水とほぼ同じ濃さの源泉ではあるが、精製される量はほんの僅かで、一リットル当たり三〇グラムである。

「山塩」の特徴は、海水に比べて塩分が濃く、国内唯一の強食塩で、その中でもとくにマグネシウム(にがり)分が少なく、その他のミネラル分も海水塩のそれと異なるため、さらりとした柔らかな塩味の中に甘みも味わえるところである。

開湯伝説もある由緒ある歴史の温泉街で、伝統的な巧みな技をもって作業する地道な職人（山爺）たちが少ないため、大量生産が難しい。したがって、この地は大量生産の塩の生産地というより、むしろ、幻の、あるいは奇跡的な塩の生産地と言える事例である。なお、こちらの山塩館は「日本秘湯を守る会」に所属している（「山塩館」のHP情報より）。

これに類似した製塩所が、福島県北塩原村の大塩裏磐梯温泉郷付近にある。

二つ目は、沖縄県うるま市の「ぬちまーす観光製塩ファクトリー（製塩工場）」が生産する「ぬちまーす（命の塩）」である。ここは「常温瞬間空中結晶製塩法」で製塩する、世界で唯一の塩工場である。創業者の高安正勝氏が一九九七（平成九）年の「塩専売制」の廃止を契機にこの製造法を発明し、一九九八（平成一〇）年に商品化したものである。二〇〇〇（平成一二）年にミネラル含有量の多さでギネスに認定された。二〇〇七（平成一九）年にいまのファクトリーがオープンした。

製塩工程を見ると、まず太平洋側の外海の透明度の高い海水を海岸から五〇メートル先の沖合から四段階のポンプでポンプアップし（取水量四五〇トン／月）、海面から六六メートル高台の工場のろ過室に引き込む。取水タンクの海水をろ過し、製塩室で濃縮海水に温風機で温風を吹きかけ、さらに、濃縮海水を円盤状微細霧発生機にかけて水分をはじき出し、霧にする。水分だけが気化（蒸発）し、空中で海洋ミネラル（にがり）分を多く含む塩分を結晶化させる。ミネラルは五大栄養素の一つで、微量ではあるが、体の発達や代謝機能を適切に維持するために必要な栄養素である。落下し蓄積した雪のような塩の結晶を十日に一度手作業で採取し、乾燥室に入れて一六時間乾燥させ、ふるいにかけ、その後、検品室で不純物・色・味・においなどを厳正に官能検査し、徹底的に品質管理し、包装したのち、金属探知機をかけて、商品としての海塩に仕上げる。手間と時間をかけた工程が良質な塩を生み出す。

二〇二二（令和四）年の生産量は一〇〇トンで、二〇二三（令和五）年以降の新工場稼働後では約二三〇トンの生産量を見込んでいる。

「ぬちまーす」は、食塩よりも塩分が二五％低く、ミネラルが二十一種類含まれる。とくに、マグネシウム量は食塩の二百倍含まれる。加えて、人間の体の中にある余計な塩分を体外に排出するカリウム量が食塩の約十倍含まれる。

立地と地域差

立地とは、ある主体がある物を生産する、あるいは建てる時に必要な場所や土地（地域）、そして、生産し建てるのに必要な施設や建築物が占めている状態をいう。その場所や用地には、本来備わっている固有の性質や状態がある。これを立地条件という。

砂糖と塩を生産するには、生産する場所や地域が必要である。必要と言ってもさまざまな条件が伴う。「所変われば品変わる」と言われるように、条件が異なれば、生産する砂糖や塩にさまざまな地域差あるいは地域色や地域性が現れる。ただ、同じ条件と言っても、生育期・成長期・成熟期・衰退期などに区分されるライフサイクルによっても異なり、それぞれ細かく挙げれば、奥が深く広い。

砂糖を生産するサトウキビ栽培の適地とは、地球上のサトウキビ産地を思い浮かべてわかるように、まず自然条件として、気候は太陽の強い光（日照量）が多く燦燦と長く照り、時には乾燥する、熱帯性湿潤乾燥気候が良い。地形は平坦か斜度八度未満の低い緩斜面が良い。

日本での適地は沖縄・奄美大島・種子島・鹿児島県南部などである。

こうした条件は、サトウキビが糖分を蓄える光合成を活発におこなうために不可欠な条件である。気温はライフサイクルに合わせて最適気温があるが、総じて三〇度前後である。降水量もライフサイクルによって大量の水分が必要な時期もあるが、それほどなくても良い時期がある。風量は強風だと茎が倒れる危険性があるので望ましくないが、成熟期には多少の潮風があると良い。土壌はできるだけ有機物を含むpH６～８の土壌で、排水が良く耕耘や耕作がしやすい深さのある土壌が良い。

いまでも栽培されている「和三盆」の原料である竹糖《ちくとう》（細黍《ほそきび》）は、香川県と徳島県の一部の地域で栽培されており、徳島県の上板《かみいた》地域では、水はけの良い阿讃《あさん》山麓の扇状地と日当たりの良い南斜面の土地が好適条件となっている。

砂糖を生産する条件には、自然条件だけでなく、交通・情報・市場・販売・マーケティング・労働力・農業技術・法律・課税・行政政策など、さまざまな社会的条件が伴う。

砂糖になるもう一つの作物に砂糖大根（甜菜）がある。砂糖大根の立地条件は、サトウキビとは違う条件が必要になる。簡単に触れると、サトウキビが茎の糖分を収穫するのに対して、砂糖大根は根の糖分を収穫する。

砂糖大根の原産地は地中海沿岸であることから、気候は地中海性気候か西岸海洋性気候が適する。気温は寒さに強く寒冷地でも耐えられるが、ライフサイクルによって適温は異なり、サトウキビの条件に比べて低温で温度差が大きくても良い。降水量は夏の高温時に少なく、冬の低温時に多くを必要とする。砂糖大根の根の直根と側根、とくに、直根は地中深く伸びるので、地形は平坦で土壌は排水の良い砂質土壌が良い。また、pHは7～7.5の中性か弱アルカリ性の土壌が良い。

ちなみに、国内産の砂糖生産量の約七〇％が砂糖大根からのもので、国内の砂糖消費量の二五％が砂糖大根からのものである。

和菓子は、本来、神事・祭事・年中行事などの日本文化や地域性・季節感などを反映して発達したが、「シュガーロード」（長崎街道。詳しくは後述の「砂糖の道と塩の道」にて）で製造する南蛮菓子には、立地条件の違いで多種類の地域色が出ている。「シュガーロード」の一大中心地域の肥前に発達した菓子文化は、中国文化が伝来するにふさわしい良港や豊かな穀倉地帯、とくに、小麦（地元では地粉《じごな》）や砂糖の集散地であるという立地条件が備わっていたからである。

日本の塩生産地の立地条件に触れる前に、地球の海水の濃度に地域差があることに触れておこう。

前述したように、海水の塩分濃度は世界中でほぼ一定しているが、場所や季節によって多少異なる。海で一番塩辛いのは、水分の蒸発が非常に盛んなペルシャ湾と紅海である。暖かい地域ほど海の表面から水分が多く蒸発するので塩分濃度が高い。よって南・北回帰線付近は塩辛い。北緯・南緯の二〇～三〇度付近の暖かい地帯の海面は蒸発が激しいので濃い。赤道直下は雨が多いので薄い。海で一番塩辛くない海域は、南極と北極である。しかし、北極・南極では、水が凍る時に塩分を押し出す性質があるので、想像するよりも濃い。

また、地殻変動で海が取り残されてできた死海の沿岸には岩塩層がある。死海の湖面は海面よりも四二〇メートルほど低い。死海はいまでも蒸発し続け、夏には蒸発によって水位が一日二五ミリメートルも低下する。その結果、水面付近の塩分濃度は三〇%近くになる。そこで水の密度が上がり、人間の体が水面に浮く。それに人間の身体を浄化し、リラックス気分にさせてくれる。

死海には、毎年、推定八五万トンの塩分を運ぶヨルダン川などから、塩化マグネシウム・塩化ナトリウム・塩化カルシウムなどの溶け込んだ水が流れ込んで塩辛い。流れ込んだ水は一日七〇〇万トン分を蒸発するので、塩分やミネラルが残り、塩分濃度が三〇%という塩辛い湖になる。ちなみに、死海の海の中で生きられる生物は、耐性のあるバクテリアなどの単純な生物だけである。

さて、日本の塩は、各地でそのほとんどを海水から採取しており、そのため立地の場所や地域はそれぞれの海岸かその近辺である。ただ、世界に目を向ければ、内陸の岩塩や湖塩、深層地下水塩などがあるので、海岸以外にも多くの立地場所や立地地域が存在する。

それはさておき、歴史的観点から見ると、その時代によって採取技術や製塩方法、あるいは利用方法や消費市場などが変化するので、立地場所や立地地域の条件も変化する。日本の場合は、長い間伝統技法や伝統製塩法が続いたので、この面からの立地条件を確認することができる。

伝統的な製塩法には、塩水直煮式・土釜式・石釜式・入り浜（鉄釜）式・揚げ浜式などがある。例えば、「揚げ浜式製塩法」の場合、天然の海水が必要であるから、サトウキビや砂糖大根と同じように、自然条件が整っていなくてはならない。「揚げ浜式塩田」は、天候、季節、自然現象（太陽熱＝気温・日照時間・風など）に左右される。潮の干満差のある天然の海浜を干拓して製塩作業ができるように砂面を均《なら》し、海水溝や溜《た》めなどを整備したところを「入り浜式塩浜《しおはま》」と言い、こうした基盤を人工的に整備し、海水を汲み上げて製塩作業ができるようにした海浜を「揚げ浜式塩浜」という。

塩浜の立地条件は、自然条件として、潮の干満差が十分にあること、晴天日数が多く降水量が少ないこと、海水の塩分濃度が濃いこと、海岸沿いに広い干潟砂面、例えば、浅瀬の湾・内海・入江の奥・砂洲の内側などの地形が存在すること、社会的条件としては、塩浜を開発し整備するための資本力と技術力及びその人材が豊富なこと、消費地への海上・河川・陸上輸送が確保され利便性に富むことなどが挙げられる。

これらの条件を多少なりとも満たす代表的な地域は、瀬戸内海沿岸地域と能登半島沿岸地域である。

砂糖にしろ、塩にしろ、こうした立地条件が満たされた場所や地域には特有な商品やブランド品が誕生する。

例えば、砂糖では、沖縄・奄美・種子島の黒糖、シュガーロード沿いの「砂糖（南蛮）菓子」、香川と徳島の「和三盆」などである。

塩では、沖縄の「粟国《あぐに》の塩」、隠岐の「海士乃塩」、広島県呉市上蒲刈島《かみかまがりじま》の「海人《あまびと》の藻塩」、兵庫赤穂の「赤穂の天塩《あましお》」、愛媛上島町《かみじまちょう》の「弓削塩《ゆげしお》」、伊豆七島青ヶ島の「ひんぎゃの塩」、小笠原諸島父島の「小笠原の塩」、石川県能登の「能登のはま塩」、宮城県石巻市の牝鹿《おしか》半島万石浦《まんごくうら》の「伊達の旨塩《うまじお》」、秋田県男鹿《おが》半島の「男鹿半島の藻塩」など多数ある。

生産と消費

砂糖（とくにサトウキビ）と塩の原産地や生産地、それぞれの立地場所や地域差に触れたところで、この二つの国内生産額あるいは生産量及び消費量を都道府県別で見てみよう。

サトウキビの二〇二一（令和三）年の生産量は一三五万九〇〇〇トン。第一位の沖縄県が八一万五五〇〇トン（六〇％）、第二位の鹿児島県が五四万三七〇〇トン（四〇％）、この二県を合わせて生産量一〇〇％で寡占化している。

砂糖全体の二〇二一（令和三）年の都道府県別生産額（二〇一一・三億円）を見ると、第一位が砂糖大根を独占的に生産している北海道が四二・七％で、以下、千葉県

（一五・八％）・愛知県（一二・六％）・大阪府（七・七％）・栃木県（一・九％）となっており、サトウキビの生産県である沖縄県（〇・八％）と鹿児島県（〇・三％）は、ほんの僅かな生産額に留まっている。

日本の砂糖の二〇一七（平成二九）年の年間生産量は八一万トンである。この年間生産量の八〇％は業務用で、家庭用は僅か二〇％に過ぎない。

日本の砂糖の年間消費量は一八五～三〇〇万トンの間である。このうちの六〇～七〇％はオーストラリアやタイからの輸入に依存している。したがって、国内自給率は約三五％で、国内消費量の約八〇％は砂糖大根に依存しており、サトウキビの割合は僅か二〇％である。

砂糖の二〇二〇（令和二）年の全国平均消費額は八八〇円で、都道府県（調査都市）別を見てみると、第一位が鹿児島県（鹿児島市）で一四三〇円、以下、宮崎県（宮崎市一一二八円）・長崎県（長崎市一一二八円）・福島県（福島市一〇八一円）・秋田県（秋田市一〇七三円）と続く。サトウキビ生産県の沖縄県は消費面では二三位（那覇市で八三六円）である。

日本の砂糖の一人当たりの年間消費量は約一六〜一七キログラムで、消費大国ブラジルの三〇%弱の消費量でしかない。ちなみに、国民一人当たりの砂糖消費量は一日約七〇グラムと言われている。

家庭用の砂糖の約七〇%は輸入砂糖で、三〇%の国産の砂糖は、前述したように、その約八〇%が北海道の砂糖大根からつくられた甜菜糖で占められており、約二〇%が沖縄産の上白糖《じょうはくとう》である。

日本の砂糖の用途別構成比は、家庭用が一〇・一%、業務用の菓子類が二六・四%、清涼飲料が一八・八%、パン類が一一・一%、小口の業務用が六・四%、その他が二七・二%である。

一方、日本の塩の二〇二一（令和三）年の年間生産量は七七〇〜八〇〇万トンの範囲である。国内生産量は八五・五万トン。したがって、塩の国内自給率は一一〜一五%の範囲内である。砂糖の自給率よりも極めて低い。二〇二一（令和三）年の都道府県別の生産量では、第一位が愛媛県（二一・四％）で、兵庫県（一六・六％）・沖縄県（一五・八％）・石川県（一・五％）・高知県（一・四％）などが続いている。

日本の塩の二〇二一（令和三）年の年間消費量は約八一〇万トンである。そのうちの食塩の二〇二一（令和三）年の都道府県別では、第一位が長野県で、秋田県・滋賀県・島根県・山梨県などがこれに続いている。

食塩の二〇一九（令和元）年の年間消費量を見ると、全国平均一・三九袋（一キログラム入り）のところ、第一位が長野県の二・一四袋で、秋田県（二・〇三袋）・滋賀県（一・八五袋）・島根県（一・七八袋）・山梨県（一・七五袋）などが続く。国内生産量第一位の愛媛県の消費量は〇・八三袋で最下位である。長野県は食塩を保存食用に大量に消費し、愛媛県は生産した塩をほとんど出荷しているという結果である。需給の地域差や地域色が鮮明に現れていると言える。

塩の摂取量は、国際基準値では一日五グラムであるが、日本人の摂取量は味噌・醤油などの塩分の濃い調味料を使用するため、他の先進諸国に比べて多い。男性は一一・四グラム（減塩目標量七・五グラム未満）、女性は九・六グラム（減塩目標量六・五グラム未満）である。地域的には山梨県民や東北県民の人たちが男女とも高い。

食塩の二〇〇八（平成二〇）年の年間購入量は、全国平均で二六九二グラムのところ、都道府県別では、青森・山形・秋田・長野・岩手の各県が多く（塩辛党系）、大阪・沖縄・三重・兵庫・奈良の各県が少ない（甘党系）。東北・北陸などが多いのは、「いぶりがっこ」や「呑んべえ漬」などを代表する漬け物中心の食生活が影響しているものと思われる。食塩の購入量でも地域差が明瞭に現れる。

塩の二〇〇五（平成一七）年の用途別消費量は全体で九三六・四万トンである。その中で、一位がソーダ工業用で七七・一％、以下、食品工業用が九・八％、融氷雪用が六・九％、一般工業用が二・六％、生活用が二・四％となっている。このように、食塩としての利用は年間約二二万トンで、残りの大半はソーダ工業用などに使われている。工業用の食塩はすべて海外から輸入しているのが現状である。

今日、食塩の需要は人口減少や減塩志向の動きなどで、年々減少傾向にあり、二〇一五（平成二七）年度の国内需要量は一八万トンに減少している。

砂糖の道と塩の道

日本の砂糖は、当初、奈良時代から中世の頃に遣唐使の船などで中国から運ばれていた。それは喉の薬など薬種として輸入された。

一五四三年、ポルトガル船が漂流し、のちに平戸の海外貿易の礎を築いた平戸藩の王直《おうちょく》が、ポルトガル人と共に種子島に漂着した。これを契機に、ポルトガル商人が南蛮貿易を開始し、一五四九年には宣教師フランシスコ・ザビエルが鹿児島に上陸した。これが西洋文化の輸入のきっかけとなった。

一五五〇年にポルトガル船が初めて平戸に来航し、一五六八年にはポルトガルとの交易が始まった。長崎は、江戸時代以前から異国とその文化を受け入れ、貿易や布教の拠点をなし、文化の最先端地、いわゆる十字路（クロスロード）であった。一五六三年にはイエズス会の宣教師ルイス・フロイスが来日し、織田信長に瓶入りのコンフェイトス（金平糖）を献上した。

一五七一年に戦国大名でキリシタン大名と呼ばれた大村純忠《すみただ》が長崎港を開港し、その後、三隻のポルトガル船が南蛮菓子と船底に砂糖を積んで入港した。江戸時代以前の輸入砂糖はポルトガル船が中国の福建省や広東省産の砂糖をマカオから積み込んで来航し、持ち込んだものである。

一六〇五年に参勤交代制の確立に伴い長崎街道が整備され、九州に五街道の支街道が誕生し、一大脇往還として九州のメインストリートとなった。長崎街道の起終点は、長崎奉行所西役所（現県庁）の他、長崎奉行所立山役所・櫻馬場天満神社の門前・新大工商店街の東端・出島橋の波止場など諸説があるが、ここから当初の終点は、豊前小倉の「常盤橋《ときわばし》」であった。しかし、その後、参勤交代が下関への渡海に変更され、この橋の先の大里が街道の起終点になった。宿場は二十五宿、五十八里（二三〇キロメートル）の街道である。

長崎街道が全道開通になったのは、一六一二年に難所の冷水峠《ひやみず》が整備されてからである。なお、江戸時代初期までは、塩田道が本道であったが、塩田川の氾濫で、一七〇五年に塚崎《つかざき》道がこれに代わった。

一六〇二年に設立したオランダ東インド会社は、一六〇九年に徳川家康がオランダ船の通行を認める御朱印状を出したため、通商を開始した。そして同年に平戸に来航した。江戸幕府はカトリックのポルトガルを排し、プロテスタントのオランダとの通商を平戸で開始し、オランダ商館の開設を許可した。オランダ人はアムステルダムを世界の貿易拠点とし、世界の貿易ルートを押さえ、長崎の出島に上陸して商館を建て、江戸幕府との交易を開始したのである。

砂糖は、地球を一回りして、オランダ船の船底にたっぷり積まれて長崎の出島の水門に辿り着いた。出島に着いた砂糖の荷姿は、砂糖籠と砂糖袋であった。砂糖（籠・袋入り）はオランダ船の船底に積まれたバラスト代わりで、帰りは銅が積まれた。この砂糖の大半は台湾からの積み荷であった。この時の輸入砂糖を「出島砂糖」と呼んだ。

徳川幕府は一六三三年に第一次鎖国令でキリシタン禁令を出し、平戸の入港はオランダ東インド会社所有のオランダ船と中国の唐船《とうせん》だけに絞って外国貿易を認めた。長崎奉行所は、ここでキリスト教布教の拡大を防止し、貿易管理を徹底する役割を担った。

長崎街道は、鎖国体制下で唯一外国との交易ができた長崎港に通じる街道とあって、オランダ人や中国人などが献上品の運搬に、また宣教師も布教に利用した。一六三三年以降、オランダ商館長は年一回江戸参府《さんぷ》をおこない、将軍に希少品を献上した。その中に白砂糖や氷砂糖があった。

一六三四〜一六三六年にかけて、江戸幕府の対外政策の一環として計画築造されたのが出島である。出島ができたことで、長崎街道がヨーロッパとアジアを結ぶ貿易ルートの一環路となり、優れた輸入砂糖流通道路及び国際道路に位置づけられ、その他、国内的にもキリシタン布教道路やオランダ商館長を始めオランダ人や中国人などの将軍拝謁《はいえつ》、献上品の運搬道路、五藩の諸大名の長崎警備道路、参勤交代の諸大名だけでなく文物（珍獣〈象・ラクダ・鯨〉・薬・時計）・医学・技術などの交易道路となった。まさに、世界の異国文化を日本に普及させる街道となった。

出島に荷下ろしされた大量の砂糖を江戸に運ぶ時にこの街道を利用したこともあり、街道沿いには砂糖菓子文化が発展し、多種多様な南蛮菓子が生産されたため、のちにこの街道を「砂糖の道」＝「シュガーロード」と呼ぶようになった。ただ、長崎街道そのものが砂糖の交易路ではなく、大半の砂糖は、有明海などの海路や塩田川・牛津川・穂波川などの河川を利用する川船で運ばれた。

江戸時代の通行人（旅人）の多くは、この街道を一日七〜十里歩き、宿場で体を休め、七日間で歩き終えたという強健な人たちであった。

ついでながら、「シュガーロード」の名は、当時長崎新聞社論説委員長であった故河村健太郎氏が、共同企画「肥前の菓子」（二〇〇四〈平成一六〉年一月一日）で、長崎街道を「シュガーロード」として取り上げた。

長崎街道は、鎖国時代に異国文化を九州ばかりでなく、江戸や広く日本中に伝え運んだ重要な動脈であった。また長崎街道は、菓子製造業と砂糖を使う伝統行事を増やし、菓子文化を通じて日本文化の最先端地の役割を果たし、生活文化や芸術文化をも開花させた。

なお、二〇二〇（令和二）年には、「砂糖文化を広めた長崎街道・シュガーロード」が同年度の日本遺産に認定された。

ここで、改めて、出島に触れ、長崎街道の砂糖文化が栄えた主要な地点をいくつか触れておきたい。

前述したように、江戸幕府は一六三三年に第一次鎖国令を出し、一六三五年に日本人の海外出入国を禁じ、キリシタン禁令を出した。一六三四年に江戸幕府は対外政策の一環として、とくにポルトガル人を収容し管理するために、徳川家光の提案による砂州の波浪を軽減する扇形の埋め立て人工島の出島を計画し、一六三六年に完成させた。西側七〇メートル、海側二三三メートル、北側一九〇メートル、総面積一万五〇〇〇平方メートルで、当初「築島」とも呼ばれた。また、幕府は一六八九年に鎖国政策の入国制限の一環として中国人居住地区「唐人屋敷」を設置した。

幕府はキリスト教の流布を懸念して一六三九年に第二次鎖国令を発し、中国とオランダだけに通商を許可し、その拠点を出島だけに限定し、同時に、幕府はポルトガル人を出島から追放し、出島をオランダ人の居住地とすることとした。その周辺に中国人の居住を認めた。入港可能なのはオランダ船と中国の唐船だけで、駐在員はそれぞれ出島と「唐人屋敷」に隔離した。

一六四一年にオランダ商館を平戸から長崎の出島に移設させた。江戸時代に唯一欧州に開かれていたのが、このオランダ商館であった。初代商館長はオランダ人のカピタン、副商館長はヘトルであった。遅れて、商館長付の医師としてケンペル、ツンベルク、シーボルトら、いわゆる「出島三学者」が赴任した。彼らが西洋科学を日本に紹介し、日本の文化を西洋に紹介した。出島は蘭学の窓口にもなった。

オランダ船の輸入砂糖は、中国本土に加えて台湾やジャワ島バタビア（ジャカルタのオランダ植民地時代の名）産のものであった。一六四五年には唐船七十六隻で砂糖・茶・生糸・ビロードなどが陸揚げされた。幕府は、一六八九年に出島近くにその二倍強の敷地を区切って「唐人屋敷」を建設し、長崎在住の中国人を移住させた。

長崎貿易により輸入された砂糖は、一六九八年以降、長崎税関の前身である貿易機関「長崎会所」が、オランダ商館や中国船の砂糖を一括購入し、国内商人に落札されたのちに、船で大阪道修町《どしょうまち》の薬種問屋に運ばれ、さらに、堺筋《さかいすじ》（町《まち》）の砂糖仲買人によって江戸を始め全国各地に運ばれた。一七五九年頃は砂糖の輸入の最盛期であった。

一八世紀以降の輸入品の主力は砂糖となり、出島に多数の砂糖専用の倉庫（砂糖倉）が建てられた。

一八五三年にペリーが浦賀に来航し、一八五五年に「日蘭和親条約」が結ばれて、出島の役割は終わった。

出島は一九二二（大正一一）年に「出島和蘭商館跡」の名で国史跡に指定された。館内の旧石倉は幕末に建てられた商社の石造り倉庫で、この倉にはかつて大量の砂糖袋が置かれていたと推測できる。倉庫に積まれた輸入品は、坂本龍馬率いる海援隊の取引商品にもなった。この倉は、その後、復元された「出島和蘭商館跡」地区内で「考古館」となっている。二〇〇六（平成一八）年には、当時のカピタン部屋などが復元された。

話を長崎街道の街道筋に戻そう。

出島の東方六〇〇〜七〇〇メートルの思案橋商店街の南端付近に、長崎に「鎖国令」が出される前の一六二四年創業の「福砂屋本店」がある。ポルトガル人からカステラ製造法を伝授され、原名「カストルボル」を初めてつくった「福砂屋」は、砂糖を当初から商社のように取り扱っていた。「福砂屋」の福は中国の福州、砂は福州産の砂糖を使用したことから名づけられた。

カステラの名は、スペイン中央部のカスティーリャ地方の菓子に由来する。ポルトガル人から伝授された技術である「一人の職人が卵の手割りから小麦粉や砂糖を加えた技術」を活かして、南蛮菓子の王様と言われる和菓子として「長崎カステラ」を初めて製造した。

「福砂屋」のこだわりは、第一にミキサーを使わずに伝統の味と製法を守り職人技の熟練「手わざ」で作業し、第二に長崎や佐賀平野でつくられた厳選素材の小麦と卵を使うことである。そして、ふんわりしっとり感とコクを出す「別立法《べつだてほう》（卵の白身と黄身を分けて使う方法）」を継承し、蜂蜜を一切使わない代わりに上質な水飴（米飴）

を使用する。最後に、カステラの底にザラメ（中双糖《ちゅうざらとう》）を使用することである。

現在、船大工町にある建物は明治初期のもので、瓦屋根、白壁と格子、輸入レンガのタイル張りから成るこぢんまりとした佇まいの商家である。店内ではさまざまなカステラ類の和菓子が並べられ、贈答用やお祝い用の品を求めて多くの来店客で賑わっている。

（「福砂屋」のパンフレット・HP情報より）


つぎは、佐賀県の川港・塩田津《しおたつ》である。

塩田町の地名は、塩田川の蛇行により袋状に囲まれた地形に由来する。江戸時代、長崎街道の二五番目の塩田宿があり、茅葺屋根・クド造り・白い漆喰の居蔵造《いぐらづくり》の町並みを形成し、「旧下村家」や「西岡家」などが軒を連ねた。いまは、これらが重要伝統的建造物群保存地区や国指定重要文化財になっている。

いまから二百五十年前には「砂糖座」ができて、ここが、有明海や陸からのシュガーロードの一大物流拠点となった。

塩田川の水運は、物資とくに陶磁器の材料となる天草陶石や砂糖などの運搬に利用され、その中心として塩田津が水陸交通の要となった。一帯は砂糖菓子を中心とする砂糖文化も栄えた。

それればかりでなく、陶器の原料である天草陶石は、天草から有明海に渡り、有明海の潮の干満の差を利用した塩田川の川船で運ばれた。同時に、大量の砂糖も運搬されており、その点で、有明海は「砂糖の海」でもあった。陶磁器の原料と砂糖とが同時に運搬された事実は、後述する茶の文化と密接な関係があったと言える。

塩田の伝統菓子で有名な「逸口香《いっこっこう》（一口香）」は、黄金色に焼けた丸型の饅頭で、その中の空洞の内側の皮の周りに飴を使った粘りのある黒砂糖を張りつけてあるのが特徴である。材料は、砂糖、麦芽水飴、黒ゴマ、蜂蜜、それに佐賀平野の良質な小麦粉である。「楠田製菓本舗」は、この伝統製法を守り続けている菓子製造会社の一社である。

長崎街道の牛津《うしづ》宿から北方約五キロメートルの地点に、羊羹づくりで有名な、一八九九（明治三二）年創業の小城《おぎ》羊羹の「村岡総本舗本店」や「みつばや小城羊羹製造本舗」がある。

肥前は、代表的な菓子名人である森永製菓の創業者森永太一郎、江崎グリコの創業者江崎利一などを輩出しているが、小城には、羊羹の森永惣吉や村岡安吉がいた。

「村岡総本舗」は、江戸時代の「切り羊羹」や「流し箱羊羹」などの煉羊羹の製法を継続してつくり続けている羊羹製造兼販売業者である。羊羹製造の道具一式は村岡安吉が長崎の陣内琢一から買い受けた。いままでの蒸羊羹から寒天を使った煉羊羹に転換し、一九二二（大正一一）年には、蒸気設備と機械化で大量生産システムを導入した。当時、保存食や軍需品として重用された。


（「村岡総本舗」のパンフレット・HP情報より）


長崎街道の中国文化ブームは、さかのぼれば、小城鍋島藩初代の元茂《もとしげ》と二代の直能《なおよし》、黄檗宗《おうばくしゅう》開祖の隠元《いんげん》との交流から起こったと言われ、小城の肥前の南蛮菓子文化や砂糖文化への影響は多大であったと思われる。

羊羹の起源は中国の料理の一種で、羊の肉を煮たスープ（羹《あつもの》：熱い吸物）の類であった。日本では羊肉の代わりに小豆と砂糖・飴類に寒天や葛粉を入れて、火にかけて煉り固めた。

「羊羹資料館」は、一九四一（昭和一六）年に船で運ばれた砂糖を貯蔵するための「砂糖倉」として建てられたものを、一九八四（昭和五九）年にエキゾチックでレトロな煉瓦造りの洋館に改装したものである。羊羹は当時、携帯食や保存食として重宝されていたため、陸軍御用達《ごようたし》や鉄道省門司鉄道管理局の指定品となった。

砂糖は燃えやすく、湿気に弱いため、防火・防湿構造で床が四〇センチメートルほど高くなっている。一九九七（平成九）年に国の登録有形文化財になった。羊羹の製造工程や羊羹の歴史、道具・材料などが展示されているだけでなく、これらがビデオで紹介され、抹茶と羊羹の試食もできる。

余談であるが、著者がここを訪れたのは、太陽がギラギラと輝き、クマゼミが蝉しぐれのようにシャシャシャと激しく鳴く真夏であった。そのため、ここからレトロな造りの国の有形文化財になっている小城駅に向かう直線道路の帰路で、熱中症に罹りそうになった。途中、何度か自動販売機でスポーツドリンクを購入し、塩分を補給して、夏にはめったに食べたことのない一口羊羹を頬張って、何とか体調を崩さずに駅に辿り着いたのを覚えている。やはり「砂糖」と「塩」は重要である。

長崎街道の黒崎宿の西方約二キロメートル地点の陣原《じんのはる》に、「入江製菓」という菓子製造会社がある。

戦国の世にあって、砂糖や金平糖《こんぺいとう》などの甘いとろけるような舌触りは、人びとに夢と憧れや希望をもたせたに違いない。一方で、キリスト教布教の武器にもなっていた。一五四六年に日本に伝わったポルトガル語の「コンフェイトス」は、今日の金平糖である。一五六九年にポルトガルのイエズス会宣教師ルイス・フロイスが、金平糖を織田信長に献上して有名になった。

金平糖は濃茶のあとの薄茶に合わせて出す干菓子《ひがし》（乾菓子）として出された。金平糖は、いまでも世界で最も高品質な茶菓子として生き続けている。

金平糖の製造は一六八八年に長崎で始まった。

「入江製菓」は一九三四（昭和九）年に創業し、八十九年の歴史をもつ。今日では、九州で唯一の金平糖を釜で製造する会社である。当初の八幡東区帆柱から一九六六（昭和四一）年にいまの場所に移転した。

現工場は何の変哲もない中小規模の二階建て工場兼事務所であるが、ここでの作業は、ゆっくり回転する釜十台に、一〇分置きに噴霧器で糖蜜（グラニュー糖）を吹きかけ、この作業を十四〜十五日かけて、直径一・五センチメートルの砂糖の「角《かど》」をつくって金平糖をつくる。職人技でなければできない作業である。

金平糖の製造会社は、同社以外に関西圏を中心にまだ十社ほど残っている。

（「入江製菓」のパンフレット・HP情報より）

当初、長崎街道の起終点であった「常盤橋《ときわばし》」は、紫川に架かる日本百名橋の一つで、元禄時代から「大橋」が「常盤橋」と呼ばれるようになった。真の起終点は「常盤橋」の左岸北側の港であったらしい。長崎街道の他、中津街道・秋月街道・唐津街道・門司往還の起終点にもなっている。一六一一〜一六二四年の間に架けられ、一九九五（平成七）年に架け替えられた「木の橋」である。当時は砂糖を始めとする産品（白糸〈生糸・絹織物〉・羅紗〈毛織物〉・香料・軍需品など）の輸送と、参勤交代の他、長崎奉行、外国文物（オランダ商館長カピタンらの将軍への献上品）、動物（ラクダ・象・狩猟犬・アラビア馬）、有名人（吉田松陰・伊能忠敬・シーボルト）、蘭学者などの往来で、大層賑わった。いまも車の通れない人道橋である。

室町西岸側のたもとに、かつての「石くい」の一部が残っている。京町東側から西岸を渡った室町方面の街並みは、長崎街道の面影をいまに残す。全長八五メートルで、桁橋は国内最大級という。幅員は七・二メートル。

豊前のシュガーロードは、常盤橋～紫川河口～関門橋～大阪道修町～堺筋町（砂糖荒物仲買）～江戸へとつながっていた。二〇〇八（平成二〇）年に、三県八市と菓子業界、関係機関が連携して「シュガーロード連絡協議会」が発足した。

以上は、輸入砂糖に果たした、かつてのシュガーロード（長崎街道）の一端であるが、以下では、実際に砂糖を生産するサトウキビの道、つまり、生きたいまの「砂糖の道」に触れてみたい。

サトウキビ畑の一本道は、沖縄本島の読谷村《よみたんそん》や小浜島《こはまじま》・伊平屋島《いへやじま》・古宇利島《こうりじま》などの沖縄諸島、それに奄美大島といくつかあるが、ここでは、もっとも美しい一本道と言われる奄美大島の「喜界島《きかいじま》」のサトウキビ畑に触れてみよう。

「喜界島」は、鹿児島市から三八〇キロメートル南方海上に位置し、十二万年前に隆起した、周囲四八キロメートル、面積五七平方キロメートルの、サンゴの隆起海岸平野から成り、いまでも毎年二ミリメートル隆起している。亜熱帯海洋性気候で、土壌は弱アルカリ性の琉球石灰岩土壌である。そのため、毒蛇のハブが生息していない。最高峰は七島鼻《しちとうばな》で標高二一二メートル。

人口は七〇〇〇人弱、三十三集落から成る。主産業はもちろんサトウキビであるが、その他に、白ゴマやそら豆生産、クルマエビと海ぶどう中心の漁業などが営まれている。

ついでではあるが、白ゴマはナッツのような脂質、甘み（糖質）、芳しさ、淡白な風味があり、抗酸化作用の微量成分・ゴマリグナンも含まれていて、健康と美容の栄養効果の高い特産品である。どんな料理にも相性が良く、オールマイティに使用できる。

日本のゴマの年消費量は一五万トンで、国内生産量は僅か四〇トンである。国内流通の九九・九％は輸入品であり、残りの国内外産（五八トン）の六五％（三八トン）は、二〇二〇（令和二）年現在で、この喜界島産が占める。国内生産日本一である。

喜界島の隆起サンゴ礁から成る弱アルカリ性の琉球石灰岩の風化した土壌が最適条件で、夏植えサトウキビの前作として栽培されている。

喜界島北部の小野津集落から南下した地区にある白水集落までの約三キロメートルのまっすぐに伸びた一直線の道路が、サトウキビ畑の一本道である。信号のないアスファルト舗装の片側一車線道路で、中央部が大きく緩やかな凹部になっている坂道である。

著者が訪れた収穫前のサトウキビ畑は、大空は見渡す限りの南国らしい青空、水平線の彼方では大海原の紺碧色、そして、三～五メートルほどに伸びたサトウキビの葉の黄緑色がまぶしくも鮮やかに、開放的とも言えるコラボレーションを見せてくれた。

一本道の道沿いには、ところどころに収穫時を待ち兼ねているかのように、ハーベスターが置いてあった。歩くことしばらくすると、風が出てきたらしく、サトウキビの葉がどこか歌のようにザワワ～ザワワ～と波打っているのが聞こえた。

このサトウキビ畑では、植え付けから生育期の頃に、耕された土の茶色と苗の若草色との整然としたコラボレーションを見せてくれる。収穫後は、刈り取られた枯れ葉と肥料として撒《ま》かれたサトウキビ搾汁後の搾りかす（バガス）がサトウキビ畑を覆い、一面に淡いベージュ色のじゅうたんを敷き詰めた様相を呈してくれる。ところどころに輪作のゴマ栽培畑が散りばめられ、サトウキビの一生を垣間見る光景である。

続いて、「塩の道」（ソルトロード）に話を移そう。国内には「伊那街道」や「野田塩べコの道」のように、名だたる「塩の道」がいくつかあるが、ここでは、フォッサマグナの断層沿いを通り、北アルプスを望む、著名な塩の道と言われる新潟～長野間の海と陸を結ぶ塩の道「千国《ちくに》街道（松本街道）」を取り上げる。

この街道は、新潟県糸魚川市本町を起点とし、ここから南下した松本市の城下町までを結ぶ全長一二〇キロメートル（約三十里）である。狭義の街道は南小谷《みなみおたり》駅から栂池《つがいけ》高原までの約八キロメートルである。海のない信州に塩や海産物を運搬した道で、毎年GW中に「塩の道祭り」が開催される。

糸魚川・安曇・松本経由の塩の大部分は瀬戸内海産で、下関海峡から「北前船」で能登沖を経て糸魚川で陸揚げされる塩であった。

信州松本までの荷を「上り荷（南荷）」と言い、塩・魚・海産物・菅笠・薬・木地《きじ》・漆塗物《うるしぬりもの》・瀬戸物を扱い、逆は「下り荷（北荷）」で、麻・茶・薬・紙・綿・楮《こうぞ》・大豆・酒・蒟蒻玉《こんにゃくだま》・蝋《ろう》・元結《もとゆい》を扱った。

塩の道は姫川に沿ってではなく、急流の橋や川の災害を避けて、山の尾根を巡っている。古代から近世の数百年の塩の道の歴史を、かすかではあるが深く残る大地や清浄たる大樹や原生林（トチ・ブナ）のにおい（香気・霊気）を嗅ぎながら、さまざまな先人や動物たちの足音や息づかい、鼓動、精神、信仰（神の領域）、生活、文化、技術、魂（生命）を観察し、感触し、感動することができる。

この道は、一八八七（明治二〇）年前後まで生きていた。雪深い内陸地域の人びとにとって、冬の漬け物や味噌づくりに塩は欠かせない生活必需品のためである。

著者は初夏のある日、この街道を歩いてみた。

まず、糸魚川市の日本海の海岸沿いに出ると、「千国街道」と北陸道との合流地点の糸魚川町道路元標がある。この辺りの海岸に旧糸魚川港（横町海岸）があり、「北前船」で運ばれた塩が陸揚げされ、海岸近くには何軒かの廻船問屋や蒸気茶屋があったという。

「千国街道」の起点のある糸魚川市本町の白馬通りは、かつて許可された塩問屋六軒と背負い運搬人である歩荷《ぼっか》の宿などが軒を連ね、活気があり、賑わった通りであったという。いまはその面影はない。

通りに沿って、塩問屋で財を成した中村五兵衛の墓のある新潟県では最古の経王寺があり、境内の梵鐘は県指定文化財となっている。街道の反対側に「牛つなぎ石」があり、当時の塩を背負う牛と牛方《うしかた》の息づかいが聞こえてくる。

ボッカや牛方（五、六頭／人）と呼ばれた運搬人は、平均六〇キログラム（一俵）

の生活物資を一日平均一二キロメートル担《かつ》ぐという過酷な労働であった。

南小谷駅前の橋を渡って北方へ行くと、すぐ左側に「小谷郷土館」と「おたり名産館」がある。さらに約一キロメートル北方に、江戸時代以降の「千国街道」と江戸時代以前の千国古道の分岐点に当たる燕《つばくろ》岩がある。

「小谷郷土館」の手前に「塩の道」の入口がある。いきなり草の生い茂った上り坂で、往時の面影を偲ばせる細い道である。この険しい道を牛はモ～モ～と、ボッカはトボトボと、その先にきっと良いことがあると期待しつつ長旅をしたのだと思うと、人生も同じだと感じた。

くねくねした上り坂の途中に三谷坂の三夜塚があり、石畳で道幅が広く、当時の街道の隆盛を偲ばせる。さらに進むと、二十三夜塔や坪山庚申塔がある。庚申塔は庶民とくに男性を代表する土俗信仰の象徴である。こうした信仰は大地から湧き上がって発生した神を象徴したものであろう。村の出入口にあり、邪鬼・悪霊・疾病・魔の侵入を防ぐ守護神の役を担っていた。小土山《こづちやま》石仏群や大別当《おおべっとう》石仏群（庚申塚）などの土着信仰を示す石仏も並んでいた。

急流の黒川沢を渡り、千国《ちくに》駅を左手に見て南下すると、「千国の庄《しょう》史料館」とすぐ近くの「千国口留《くちどめ》番所跡」に着く。「千国の庄史料館」には、同じ敷地内に松本藩の出先機関であった番所跡の復元史料館がある。千国街道の口留番所（田頭と野平を含めて三か所）の資料が展示され、藩の警備や旅人の出入りの取締り、諸物資の検査や徴税、街道の風景の模型などが見て取れる。

その近くに「旧千国宿」があり、ここが信越交易の要衝であった。宿の中心の通りは桝形をしており、その中央に松本藩の「千国口留番所（関所）」があった。一五九六～一八六九（明治二）年までの約二百八十年もの間存在し、運上金の徴収や人改めを司っていた。庭園にボッカ茶屋とボッカ像がある。

親沢の川を渡り、石畳が残る難所と言われる親坂に差しかかると、親坂石仏群と、一見、見過ごしてしまいそうなところに「牛つなぎ石」がひっそりと置かれている。牛馬を休ませ、飼葉《かいば》をやる時に繋ぎ止めて置く石である。上部に牛の手綱を結ぶ穴がある。穴のタイプには手綱巻タイプと穴通しタイプがあったらしい。

街道の面影を残す難所である親坂は、急坂ゆえ牛馬が滑らないように石畳が敷いてある。途中に牛馬や塩カマスを担ぐボッカたちの「水飲み場」がある。弘法の清水や水飲み場の休息場所に、石造りの「水舟」が二つある。上段の石舟は牛方やボッカ用で、下段の二槽の楕円形の石舟は、牛馬用水飲み場であった。冷たい湧き水であった。上の方に安山岩造りの弘法大師像が安置されており、牛方やボッカの旅の安全を見守っていたという。隠顕《いんけん》する谷川のせせらぎの音が心地好い。

牛馬は飼い主と苦楽を共にし、気は優しくて力持ち、従順で駆け引きなく一身に可哀相なくらいに働いた。だから、彼らを恩愛の情を込めて供養するために、街道の途中に馬頭観音が立てられる。

中でも牛は細い道や坂道、峠道に強く（ただし牛によって先頭型・中間型・殿型がある）、大日如来に見立てられる。牛馬は俵二俵（一〇〇キログラム以上）の重い塩を運ぶので、牛方は牛馬に草鞋《わらじ》や藁沓《わらぐつ》を履かせる。牛馬への思いやりや心遣いは「ひとしおい」であったであろう。馬は早いが峠道に弱い。糸魚川〜千国間の峠道の多くは、もっぱら牛が利用された。

塩の道「千国街道」の中心地に「牛方宿」と「塩倉」がある。「牛方宿」は街道中で現存する唯一の施設であり、一七〇〇年代末から一八〇〇年代初頭に建てられた、千國正幸の旧宅である。ボッカや牛方と牛が共に泊まった宿で、県宝になっている。間口六間、奥行十間で、牛方やボッカは中二階に泊まり、ここから下方の牛馬の様子を見ながら睡眠したという。牛馬を大切に扱っていたことを物語る。ここは毎年GW期間中に開催される「塩の道祭り」のメイン会場になる。「塩倉」は、二〇〇七（平成一九）年に大網《おおあみ》集落から移転復元したものである。塩を大事に収蔵して置くところゆえ、造りは錆びてしまわないように釘などの金属は使わない板壁式構造である。間口二間一尺、奥行三間の半地下式塩貯蔵庫で、地下に牛小屋がある。幕末当時は現存の二倍の広さがあったという。現存する唯一の塩倉で、村有形文化財になっている。近くに「沓掛茶屋」がある。沓掛とは、使い終わった草鞋をかけた場所で、街道の分岐点や追分を意味する。

親の原の街道は高原の気配が漂っており、塩の道散策での絶景があり圧巻である。

途中に前山百体観音が立ち並ぶ。守屋貞治《さだじ》を頂点とする高遠石工《たかとおいしく》らの作による観音像である。これらは、観音巡礼のために、西国三十三か所・坂東三十三か所・秩父三十四か所を一か所に集めた百体石仏群で、現在は八十体余が残っている。貧しい庶民が一か所に集めた場所でご利益を得る。どの観音石仏も表情が違い、伏し目がちであるが、皆優しい表情をしている。往時の地元の人びとの信仰心（祈り）の深さが窺えるパワースポットである。

親の原入口から南下すると、林頭《はやしがしら》遺跡という古代遺跡もあって、往時の塩の道の面影を留める。「ウトウ」は、ボッカたちや牛馬の通行で道が擦り減ってU字型の凹地になり、大雨の時は道が川状になる。先人の汗と苦労が埋め込まれ、ぎっしり滲み出た山道である。

松沢の川沿いに栂池《つがいけ》高原松沢入口があり、この場所は、冬は雪深い山里で、現在は主にスキー客用の宿泊施設などがある。

この辺りはボッカが汗を噴き出す場所であったに違いない。それを物語るように、松沢薬師堂石仏群が現れ、四角い広場を取り囲むように高遠石工らによる百体観音と馬頭観音などを合わせた百八十七体が並ぶ。旅人がこれらの石仏に、これからの険しくつらい道中の安全を祈ったものと思われる。

ここを通過し、道なりに南下すると、落倉風切《かざきり》地蔵がある。風切地蔵は、普通は山の尾根にあるが、ここでは珍しく平地にあり、農作物を守り、白馬おろしの大風、悪魔風、病魔風、害虫を退散させる力を発揮したのであろう。「地蔵」は一般に衆生の苦患を救う仏で、これも高遠石工の優れた彫像とされる。

落倉風切地蔵のある四つ角に、一見わかりにくい細道がある。この道こそ、昔ながらの塩の道であり、原風景を見せてくれる古道である。香り、息吹、信仰、霊気、静《せい》謐《ひっ》、冷気、神秘、ロマン、絶景が織り成す、通り甲斐がある。途中に落倉の古道標があり、これも古道の面影をよく残している。

川音を聞きながら楠川を渡ってしばらく南下すると、右手に「塩の道通り」という名の通りがある。この道に沿っていくと、切久保集落の入口の角地に切久保庚申塚や観音原石仏群がある。しばらくすると、ＪＲ信濃森上駅に辿り着く。

松本城下の塩の道「松本街道（千国街道）」は、経済道路として重要な役割を果たしていた。松本駅の真東に地元の氏神様として深志《ふかし》神社が鎮座しており、境内の「（本町二丁目）市神社」に塩の神塩土之老翁《しほつちのをじ》が安置されている。また松本城の南の本町通りの中央辺りの通り沿いに高さ七〇～八〇センチメートルの「牛つなぎ石」がある。この石は、もともと城下の「市辻《いちのつじ》」から移設された道祖神であった。

一五六八年の年初めに深志《ふかし》神社の神主が、この辺りで塩を売るようになって「塩市」が始まった。それが明治末になって、塩不足から飴も売られるようになり、「あめ市」に名称が変わった。「あめ市」の一月十～十一日という日は、上杉謙信が宿敵の武田信玄に領民のために送ったという「義塩」の到着日にあやかって定められたという。松本駅から北方約四キロメートルの海福寺の南の「塩倉の池」の辺りが、「義塩」を一時留め置いた場所であったという説がある。「あめ市」では、この「牛つなぎ石」に注連縄《しめなわ》が張られ、石の上部に塩が盛られる。ここが、「千国街道」と「野麦《のむぎ》街道」の起終点とされる。

余談ながら、二〇二四（令和六）年二月にロシアのウクライナへの不法侵略で、ウクライナは敵国ロシアに国民の誇りである欧州最大級の岩塩製塩所ソルダルを占領され奪い取られたという。何とも悲しい出来事である。

女鳥羽川《めとばがわ》の南側に並行している通りが、かつての城下町の中町通りで、重厚な土蔵造りが立ち並ぶ。角に中町口道標があり、「右せん光寺　左大町街道」と刻まれている。女鳥羽川の北側に並行している通りが縄手《なわて》通り商店街で、かつて縄のように細く長い土手があったという。城下町の賑わいをいまに留め、活気のある商店街である。国宝松本城がすぐ目の前に聳えている。

さて、相模国の金澤にある「塩の道」も辿ってみよう。

京急金沢八景駅から国道16号線に沿った平潟湾の六浦海岸には、鎌倉時代の重要な外港の六浦湊《むつらみなと》があった。大船行きバス道路に沿った六浦四丁目付近は当時「塩場」

と言って、その先の光傳寺門前まで、浜辺で「揚げ浜式製塩」が盛んであった。

広重の「内川暮雪」に塩焼き小屋の情景の場面が描かれているが、上行寺の墓地の高台から見下ろすと、いまは木々の間から六浦の市街地を垣間見るだけで、その情景は想像するに留まる。

三代執権北条泰時が自ら指揮して開削した鎌倉七口の一つの「朝夷奈切通《あさいなきりどおし》」には、当時、峠茶屋もあったという。一九六九（昭和四四）年に国史跡に指定された。

峠道を越えた十二所《じゅうにそう》神社の少し先を左折した金澤街道沿いに、時宗の光触寺《こうそくじ》があり、本尊の阿弥陀如来三尊（国重文）・別名「頬焼阿弥陀」が安置されている。境内に七体の「塩嘗《しおなめ》地蔵」があり、金澤の塩商人が行きに塩を供えると帰りにはもうなくなっていたという。

塩の道を北上したところに鶴岡八幡宮があり、この辺りで運ばれた塩が下ろされた。

マーケティング

マーケティングは、四つの基本要素である、製品（Product プロダクト）・価格（Price プライス）・販売促進（Promotion プロモーション）・流通（Place プレイス）から、つまり、４Ｐから成り立つと言われている。

まず一つ目が製品（プロダクト）である。

砂糖は生まれてから誰もが好きだから、世界的商品になりやすい性質をもっている。砂糖の甘みは食品や調味料やエネルギー源としてばかりではなく、薬品や嗜好品・金銭代用の貴重品ともなった。

日本の場合、一六三六年に長崎の出島に積み下ろされた輸入砂糖は、砂糖菓子をつくる上で重要なものであった。ところが江戸時代もそれ以降も、時の権力者や支配者たちは砂糖を戦略物質とした。つまり、権力や支配の材料とした。砂糖はいまでも、国際的な一大取引製品になっているが、画一的な製品が多く、消費者にとってみれば、地域多様性（リージョナル・ダイバーシティ）のある砂糖製品が多く出回ることが望ましい。

片や塩製品の数は現在千五百種類を超える。塩は、かつて貴重品として高級品であったため、金銭的価値が高く、物品貨幣として貨幣の役割を果たしたことがあり、国の統制対象や財源確保の商品になったこともある。

日本では、一九〇五（明治三八）年以降、九十年以上もの間、塩の専売制が敷かれ、輸入・製造・流通・加工・販売は自由にできなかった。一九七一（昭和四六）年の「塩業近代化臨時措置法」下で、製塩法が一律に「イオン交換膜製塩法」になったため、大量生産が可能になり、これらの活動が完全に自由になった。しかしその反面、塩製品の地域色や地域差がなくなり、味も画一化した。

その後、「自然塩ブーム」が起こり、食塩の個性化と多様化が進んだ。こうなると、個性豊かなマーチャンダイジングが大事になる。

言うまでもなく、塩は生活必需品である。衣食住のすべてに関係し、塩がなければ安定した豊かな社会は成り立たない。現状では、日本の塩の自給率は一一～一五％であり、残りの八〇～九〇％は輸入塩で、海外に依存している。

二つ目は価格（プライス）である。

砂糖と塩は、第二次世界大戦以降しばらくの間、配給制度や価格制度の対象品であった。

農水省は一九六五（昭和四〇）年に「砂糖の価格安定等に関する法律」（糖価安定法）を制定し、毎年砂糖価格を「国内買入価格」と「輸入糖価格」（ロンドン・デイリー・プライス）を基準に設定し、管理した。輸入砂糖の価格は、その時の砂糖生産地の収穫動向、需給変動、為替レートの変動、他の商品の国際価格の変動などによって変わらざるを得ない。政府は価格支持政策の一環として、二〇〇〇（平成一二）年に「糖価安定法」を改正し、二〇〇三（平成一五）年まで国が砂糖の卸売価格の値下げを誘導し、消費の回復を促した。また農水省は、糖価調整制度で砂糖に高関税をかけ、粗糖を輸入し、それを国内で製糖する制度を設けた。

塩については、「塩業近代化臨時措置法」の制定によって、一九七一（昭和四六）年に全国の塩田が廃止され、塩の「専売制」が廃止された。そのため、生産地の海水からつくる自然海塩が各地で製造・販売され始め、価格も多様化した。

一九九七（平成九）年以降、低価格の中国産の食用塩輸入が急増し、国内製塩業者の食用塩価格との差が拡大し、価格競争力の強化が必至となった。二〇〇二（平成一四）年四月からは塩の輸入や製造・流通・販売が完全に自由化された。

三つ目は販売促進（プロモーション）活動である。

砂糖関連の販売促進や広告・宣伝にマーケティング活動が活かされる。さまざまな砂糖の商品を生活者や消費者に知ってもらうために、緻密なマーケティング活動、例えば、パブリシティ（宣伝）が必要である。メーカーも販売店も、砂糖を適量摂取していれば体の害にはならず、むしろ、体の健康維持・管理に不可欠であることをアピールする必要がある。情報提供もプロモーション活動の一環である。

製塩会社も販売店も、生活者や消費者の欲求志向の動向を見極め、先行的に美食志向・グルメ志向・健康志向・長寿欲求志向などに合う食を通じての塩活用の提案が求められる。それは、料理や調理の方法だけでなく、新しいレシピやメニューの紹介、モデル教室の開催などを通じて提案できる。スーパーや百貨店あるいはショッピング・センターなどで開催する新作発表会や展示会、または、ご当地グルメの紹介や特産品フェアなどを通じて、こうした活動が実践できる。

四つ目は流通（プレイス）である。

このプレイスには立地も含まれるが前に触れたので省略し、ここでは流通、とくに問屋だけに触れることにする。

出島に積み下ろされた砂糖は、主に船で大阪道修《どしょうまち》町の薬種問屋に運ばれ、さらに、堺筋《さかいすじ》（町《まち》）の砂糖仲買人によって江戸に運ばれた。江戸時代中期から後期には大阪に収納倉庫兼取引所の蔵屋敷、つまり、砂糖問屋が成立して、砂糖が全国に流布したが、一般庶民にはまだまだ高級品であった。砂糖は金銀銅に匹敵する流通価値をもっていた。とくに、白砂糖は貴重品であり、現金同様に扱われた。

現在、砂糖は、砂糖輸入会社（商社）や精糖会社が自社の砂糖倉庫や原料糖倉庫に保管し、特約店や大口加工業者を経て、小売店や一般消費者の手に渡っている。

塩の道の「千国街道（松本街道）」には、糸魚川の起点付近に、また、松本にも終点付近に、塩問屋と途中の沓掛《くつかけ》にも塩倉が置かれた。塩は、また塩の道の途中に集散地があり、ここに塩問屋が置かれたところもある。

豊田市足助《あすけ》は、明治の中頃には塩問屋が十三軒あった。険しい山道を馬で運びやすくするために、ここでは塩を秤にかけて、袋を平均化する「塩直し」の作業があり、一袋二五キログラムの軽い荷にするのが問屋の仕事であった。

塩問屋は別名「塩座《しおざ》」と言い、例えば、二〇一二（平成二四）年に復活した「莨《たば》屋《こや》塩座」は、築二百年の塩問屋である。白壁が続く町並みに建ち、当時は七、八軒の旅籠もあったが、現在残っている旅館は二軒だけである。国の重要伝統的建造物群の中の「玉田屋旅館」はその一つである。ここは江戸の商人文化が栄えた場所でもあった。

岩手県江刺市（現奥州市）は、かつて舟運の街として、また塩の集散地として栄え、江戸～明治期までは流通拠点であったため、中心部には塩倉が軒を連ねた。当時の塩は物品貨幣として貨幣の役割をも果たせた。現在ではその面影はないが、製造業者や輸入業者が自社の塩倉や原料塩倉庫に保管し、販売業者を経て、小売店や一般消費者、生活者の手に渡っていた。

法律・制度・課税

砂糖は、支那事変から太平洋戦争の資金源として、また、戦後復興の資金源として、政府が砂糖消費税を課し、軍費を砂糖消費税で賄《まかな》った。そればかりでなく、第二次世界大戦以降、政府が配給制度や価格制度の対象とした品である。

第二次世界大戦で日本の製糖会社は崩壊し、一九四〇（昭和一五）年に砂糖配給制が敷かれた。敗戦により台湾を失い、一九四七（昭和二二）年十二月から翌年十月まで、キューバ糖が配給された。また、補完代替品としてズルチンやサッカリンなどの人工甘味料が使われた。

その後、日本の製糖会社は復興した。一九四八（昭和二三）年二月から一九五二（昭和二七）年四月までは、代替でなく、独自の配給制になった。この砂糖配給制は一九五二（昭和二七）年に終了した。

原料糖からの精製糖（分蜜糖）製造が本格化し、「外貨割当制」で製糖業界は潤った。「外貨割当制」は業界に対して過保護な制度であったため、一九六三（昭和三八）年八月に「砂糖の貿易自由化」が実施された。同年に原料糖の輸入が自由化され、国内の砂糖原料生産者を保護する目的で、一九六五（昭和四〇）年に「砂糖の価格安定に関する法律」（糖価安定法）が制定された。繰り返すまでもなく、「糖価安定法」とは、毎年農水省が「国内買入価格」と「輸入糖価格」（ロンドン・デイリー・プライス）を基準にして砂糖価格を設定し、管理する制度である。

一九七三（昭和四八）年十月に第一次オイル・ショックが起こり、国内製糖会社は翌年十二月にオーストラリア製糖会社ＣＳＲと原料糖を長期に輸入する契約を締結した。その後、国際相場が急落し、国内製糖会社は赤字となった。

砂糖消費者は多様化し、貿易の自由化の流れが大きく加速したため、国内産製糖保護政策は転換期を迎えた。二〇〇〇（平成一二）年に政府の価格支持政策である「糖価安定法」の改正で、国が砂糖の卸売価格の値下げを二〇〇三（平成一五）年まで誘導し、さらに消費の回復を促す「砂糖の価格調整に関する法律」（糖価調整法）を制定し、この制度で砂糖に高関税をかけ、粗糖を輸入し、国内で製糖することを促進した。

これによって、二十社前後から成る製糖業界の特異体質の秩序、つまり、甘えの構造であった「護送船団方式」が崩れ、国内砂糖会社の合併や提携が活発化した。「糖価調整法」施行から一年目に価格競争や大口ユーザーからの値下げの圧力、さらに販売競争などが起こった。

二〇〇六（平成一八）年の「糖価調整法」の改正により、政府の砂糖生産地への対応が遅れ、砂糖農家を保護するための交付金制度で六五〇億円の累積赤字が出た。連動して北海道などの甜菜の豊作による交付金支出の増大を抑制するため、生産量の上限を設定した。その結果、生産抑制による休耕地が増加し、農家の意欲は減退した。二〇〇九（平成二一）年には砂糖国内卸売価格が十六～十八年ぶりに高値になったものの、国内農家への調整補助金制度の収支は赤字であった。

一方、それまで塩漬けにされていた、生産地の海水からつくる自然海塩づくりが、各地で製塩・販売され始めたのは、一九〇五（明治三八）年以来九十二年の間、大蔵省専売局のもとで戦争にかかる費用を用意するために施行された「塩専売法」が、一九九七（平成九）年四月に廃止されてからである。そして「塩専売法」で指定された業者に限られていた塩の製造・輸入・販売が、二〇〇二（平成一四）年に完全に自由になった。

「塩業近代化臨時措置法」が成立したことが契機となって、一九七一（昭和四六）年に全国の塩田が廃止され、これによって、不純物と称する自然のミネラル分を取り除いた「イオン交換膜製塩法」による海水を濃縮した高純度の「精製塩」が「食用塩」であると定められ、大量生産されるようになった。そのため、味などが全国均一、画一的にならざるを得ず、塩の流通も自然発生的でなく公的流通に変わった。

食用塩は、二〇〇二（平成一四）年に、製造と販売が財務省へ届け出るだけで完全に自由化された。これを受けて、「ご当地塩」と言われる地域色豊かな「地塩」「地場製塩」事業が各地で展開された。しかし、食用塩の輸入が増加し、塩専売制度廃止に伴う新しい塩市場も形成され、販売競争が激化した。その影響で自然塩ブームが再燃した。地域名などを冠した海塩が相次いで商品化された。公正取引委員会は、二〇〇四（平成一六）年に商品化した一部の商品に対して、原材料などの表示が不十分であるとして行政指導の警告を発した。いわゆる「表示法」の適用である。

このように、砂糖と塩は、甘くない、厳しくも塩《しょ》っぱい法的・制度的歴史をもっているのである。

機　能

砂糖が脳に果たす役割については先に若干触れたので、以下では、砂糖が果たす他の機能について触れてみよう。

砂糖を原材料として見た時の利用法には、神事・祭事や儀礼・儀式のご供物・薬品・治療・燃料などがあるが、最大かつ重要な利用法は甘味料である。砂糖の甘みは人間を魅了して止まず、人間の生活を変え、世界の歴史を塗り替え続けてきた。

原料や食品などから見た砂糖の機能は、大別すると、以下の五つである。

一つ目は栄養機能である。

本書の最初のところで触れたように、生命と脳の働きを維持するための機能である。

砂糖には、ぶどう糖など、エネルギーやパワーの源が備わっている。即効性があり、すぐに栄養素になりエネルギー源となる。

砂糖は、人間が頭の冴えや活力増進を必要とする時に欠かせない。その性質には、水にすぐ溶ける親水性と溶解性があり、即効性があるからである。激しい運動をしたあとや疲労や衰弱したあとの砂糖は、すぐにぶどう糖になり、素早く体力回復に効き目を発揮する。

人間は原始時代からこの世を生き抜くために、例えば、必要な栄養分を摂取するためと、危険な食べ物を避けるために、味覚という感覚を備えている。人間の舌の上面には約一万もの味覚を感じる器官である味蕾《みらい》があり、味蕾は神経伝達物質を出し、これが脳内の中枢を刺激する。これに脳が反応して活性化する。甘みはエネルギーとなる糖質を摂取するために、塩味は必要なミネラルを摂取するために、うまみは体をつくるタンパク質やアミノ酸を摂取するために、酸味は腐敗した食べ物を摂取しないために、苦味は危険な有毒成分をもつ食べ物を摂取しないために必要である。また「味

蕾」を通さずに感じる味覚に、唐辛子やわさびなどから感じる辛味と、お茶や渋柿などから感じる渋味がある。

二つ目は嗜好機能である。嗜好成分としての甘みや口当たりなどがあり、これによって味覚を満足させる。

ただ、人間の味覚は、塩味ほど正確に甘さを判断できないらしい。それにもかかわらず、嗜好成分によって食習慣を広く深く豊かにする。

三つ目は生理機能である。

生命にかかわる脳や血液などの生理機能成分によって体調を調節し、即効エネルギーによって脳機能を活性化させ、記憶力を高め、ストレスを緩和あるいは解消し、気分転換やメンタル・リラクゼーションを促す効果がある。

砂糖（ぶどう糖）を適量摂取して血糖値が上がることで、記憶力・集中力・認識力が向上する。その他、老化防止・過剰食欲の抑制・興奮鎮静化・水分蓄積・眠気防止あるいは眠気促進になる。

脳が正常に機能するためには、少なくとも一日五〇〜一二五グラム程度のぶどう糖が必要である。ただ、脳はエネルギーを蓄えて置くことができない。

四つ目は文化機能である。

多彩な料理を可能にし、これを介して人間関係やコミュニケーションを密にし、それによって砂糖文化や食文化を栄えさせる。

五つ目は金銭的流通機能である。

いまの日本にはこの機能はほとんどないが、かつての歴史上では金銀銅にも匹敵し、現金としての価値があり、他の物と交換することができた。つまり、流通価値をもっていた。

ここで、菓子づくりをする上で取り上げることのできる砂糖の特性を挙げてみよう。

①口に溶ける、温かみのある甘さが出る、シャリッとする結晶性がある
②甘みをつける甘味性がある
③ジャムや砂糖漬けをつくる時のように、脂質の酸化を抑え、カビや微生物の活動を抑える酸化防止と防腐剤の効果がある
④素材を柔らかくする発酵性がある
⑤カルメ焼きのように、こんがりキツネ色の焼き色をつくる
⑥卵白を白く泡立てて砂糖を混ぜたムラング（メレンゲ）をつくり軽く焼く時のような安定性がある
⑦ゼリーを強化し、デンプンの老化を防止する吸湿性や浸透性がある

サトウキビと砂糖大根から取れる砂糖には代用品があって、それを「異性化液糖」という。ぶどう糖と果糖を主成分とする液状糖で、原料はとうもろこし・じゃがいも・さつまいもなどのデンプンである。

味覚の革命児と言われた「異性化液糖」が、一九六三（昭和三八）年に農水省の食

糧研究所（のちに改組して食品総合研究所）で生まれてすでに六十年を超える。「異性化液糖」や「果糖・ぶどう糖混合液糖」は、甘み不足のぶどう糖を、酵素を使って砂糖より甘い果糖に変えた混合液である。

砂糖消費者のライフスタイルの多様化、人口減少、少子高齢化などの影響で、本来の砂糖から異性化液糖や砂糖以外のココア、粉乳、ソルビトールなどの混合物で、菓子類・パン類・飲料・調味料・練り製品など幅広く使用されている「加糖調製品」などに移行する傾向がある。この「加糖調整品」や「スクラロース」に代表される人工甘味料などを含めた甘味料全体の消費量は、年間約三二〇万トンで、この二十年間ほとんど変わっていない。しかし、本来の砂糖消費だけは減少を続けている。本来の砂糖の値打ちが下がることが心配である。

つぎに、塩の機能について、工業的・加工的機能などを除いて、いくつかを列挙してみよう。

人間だけでなく、多くの生物は適量の塩が絶えず補給されないと生きてゆけない。塩が脳に果たす役割は、前述したように、砂糖同様に塩分量の過不足が脳神経に作用し、さまざまな脳血管障害を引き起こす。人間にとって健康な体を維持するために、塩は必要不可欠なのである。

塩の結晶は塩化ナトリウムとして存在し、基本的には規則正しい正六面体である。これを水で分解すると、ナトリウムイオンと塩化物イオンになる。体に必須なミネラル源である。これらが人間の体の血液や消化液・リンパ液、それに細胞の内側と外側や骨などに含まれる。

以上を考慮して、原料や食品などから見た塩の機能について触れてみよう。大別すると以下の七つが挙げられる。

一つ目は人間の体を正常に維持し、生命を保持する機能である。

細胞膜で包まれている細胞の内側と外側の液体がナトリウムイオンと塩化物イオンで、ナトリウムイオンが内側と外側の液体の浸透圧を同じように調整し、新陳代謝を促し、バランス良く細胞を維持するので、人間は正常な体の状態を保てる。

二つ目は栄養吸収機能と消化機能である。

塩化物イオンは消化液の主成分で、胃液として食べ物の消化を助け、ナトリウムイオンは小腸で栄養を吸収し、食欲の増進を助ける。ナトリウムイオンはミネラルを含み、ぶどう糖やアミノ酸の吸収を助ける。体温を上昇させ、免疫力を高める作用も司る。

三つ目は神経伝達機能と心筋収縮機能である。

ナトリウムイオンは興奮や刺激を脳に伝え、また、脳から心臓、その他の筋肉を収縮するように指令するなどの働きをする。

四つ目は料理・調理機能である。

味覚のうちの塩味を発揮し、料理に美味しさを付加し、多様な味つけをするのに欠かせない。食欲を増進させ、健康を維持し、人間の嗜好に広がりと深さも与え、食文化に多大な影響を与える。

「手塩に掛ける」とは、食材に気を配って塩の良さを引き出すことであり、人間で言えば、相手の気持ちになって世話をすることである。「塩梅がいい」とは、酸っぱいものに塩をかけると酸味が和らぎ、美味しくなるように、料理の味加減や料理の程あい（愛）のことをいう。塩と梅酢で程好く味つけする時も、この表現を使う。

五つ目は脱水・防腐（殺菌・消毒）・保存・発酵促進機能である。

食べ物から水分を引き出して酸化や腐敗を防止し、漬け物などに使われて保存性を高める。味噌・醤油などの発酵過程で微生物の繁殖を抑えながらも微生物の働きを促進し調整したりする。食材のタンパク質を固めて食べ物の味を引き締め、ふっくらもっちりしたコシを出すのにも作用する。

また、食品の形や見栄えを整えるのにも有用である。「青菜に塩」とは、青菜が塩に水分を取られてしんなりすることであり、人間の身体で言えば、急に元気がなくなり、しょげてしまう状態のことをいう。

六つ目は清浄機能である。

古来、神聖なる神事や国技の相撲や地鎮祭などの行事、通夜や葬儀後のお清めなどに使い、魔除けや厄除け、けがれ・汚れを払い、清める時に使われる。風習や信仰にも深いかかわりをもち、物心両面で日常生活に多大な影響を与える。

最後は金銭的流通機能である。

砂糖と同じように、かつては金銭的物々交換的価値があり、軍事費の捻出や赤字財政の再建資金源にも役立ったことがある。

塩は人間が生きていくために不可欠なものであるが、砂糖のように、代替物はない。真っ正直である。したがって、塩は人間のように化けたり、嘘をついたり、だましたり、傲慢になったり、思い上がったり、本物以上の高望みをしたりはしない。

本節の最後をまとめの代わりに、砂糖と塩の共通点を指摘してみよう。

その第一は、両者とも微量ながら人間の生命・体・生活に欠かせないものである。脳・細胞・血液・筋肉・栄養・エネルギーなど、どれをとっても必要不可欠である。

第二は、砂糖の結晶は六角形のプリズムに似た大結晶であるが、塩はダイスに似た正六面体の結晶である。いずれにせよ、砂糖や塩が雪のようだと言われるゆえんである。

第三は、外見上は白い。しかし、砂糖は透明に近い白であるが、塩は白いと言っても濁った白である。両者とも顕微鏡で見なければ白い色をしているので、素直・純粋・神聖のイメージがある。そのため、神事やお祝いなどの献上品や贈答品に使われる。

第四は、親水性・溶解性・即効性である。どちらも周囲（水）に溶けやすく、浸透しやすいが、速さでは砂糖のほうが速い。

人間にもこういうタイプの人がいる。社交性があり、周囲にすぐに溶け込み、明るく賑やかな振る舞いのできるタイプの人である。

第五は、両者とも料理や調味料に不可欠で、味つけ、とくに隠し味になくてはならない素材である。上手く使えば「うまみ」が出せて、美味しくなる。

人間の味覚の中でも甘みは、塩味ほど正確に判断できないので、砂糖の使い方には難しい側面がある。塩の加減は、舌で味覚を感じるだけでなく、指先で味見する。また、塩加減は「手塩に掛ける」ように、食材に乗り移る愛情や気持ちが必要である。

第六は、防腐や食品の酸化を防止する。食品の腐敗を防止するので、保存や貯蔵が可能になる。例えば、ジュースに砂糖を加えるとジュースの酸化を防ぎ、風味を守る。周知のように、剥《む》いたリンゴを塩水に浸すと、リンゴの表面の酸化を防止し、色あせずに美味しく食べられる。

人間は老化すると心身共にサビが出てきて酸化現象を起こす恐れがある。したがって、常日頃から心身共に酸化しないように、食事のバランスに気をつけ、とくに、砂糖と塩の適量に配慮する必要がある。

最後は、発酵性である。パンをつくる時に砂糖を使うとイースト菌（酵母）の栄養源となり、発酵を促進する。味噌や醤油をつくる時に塩を使えば発酵の熟成を促し、美味しくなる。

料理と調理

繰り返すまでもなく、基本的な味覚は、甘み・塩味・酸味・苦味・うまみの五つである。

甘みはサトウキビや砂糖大根などから得られる糖分、塩味は天然塩や人工塩などから得られる塩分、酸味は食酢やレモン果汁などから得られる味覚、苦味は濃茶やニガウリなどから得られる味覚である。

他と少し違うのは「うまみ」である。「うまみ」とは、食べ物の基本的な味覚の一つだけでなく、それぞれの食材（素材）の持ち味を引き立たせ、調理の味に深みをもたせ、食べ物の美味しさを支える重要な要素である。

すなわち、「うまみ」は、
①昆布だしなどから得られるグルタミン酸ナトリウム
②かつお節などから得られるイノシン酸ナトリウム
③干し椎茸などから得られるグアニル酸
これらを組み合わせて得られる相乗効果の味は、「うま味調味料」「うま味物質」とも呼ばれる。このうちグルタミン酸はタンパク質を構成する二十種類のアミノ酸の一つである。そのタンパク質は人間の細胞をつくる働きをする。

料理とは、あらかじめつくる食事の計画を立て、その献立に従って食材・道具・調味料などを用意し、これらを組み合わせて食材を洗浄し、加工（切る・剥《は》ぐ・挽《ひ》く・下《お》ろす・擂《す》る・刻む・砕くなど）し、加熱し、調理したものを食器に盛りつける全過程であり、結果である。
調理とは、手や道具を使って食材を加熱（炊く・焼く・煮る・炒める・茹《ゆ》でる・揚げる・蒸すなど）・冷却・発酵・かき混ぜなどの作業をして、食べやすく、食べ物の味を良くする技術であり、その過程である。

日本料理の味つけには、本素材として砂糖・塩・酢・醤油・味噌の五つの調味料がある。この順序「さしすせそ」は料理を美味しく仕上げるために必要な手順でもある。砂糖を最初に入れるわけは、砂糖が素材に滲み込むのが遅いためと、素材を柔らかくし甘みをつけるためである。ミネラル分を含み豊富な風味を出す時は、精製糖でなく黒糖が使われる。つぎに塩を入れるのは、塩が素材の水分を引き出して素材を引き締めるためである。ミネラル分を含み、うまみを出す時は、食用塩（食卓塩）でなく天然塩（自然塩）が使われる。

ここで、日本料理と西洋料理の砂糖の使い方の違いを確認しておこう。

日本料理は、砂糖を煮物・和え物・酢の物など、さまざまな料理の味つけに使う。つまり、砂糖によって微妙な味の組み合わせをつくる。砂糖に塩や醤油を少量加えてまろやかな味や隠し味を出す。砂糖なくして日本料理は成り立たない。日本は世界で最も料理に砂糖を使う国の一つである。

料理の味つけでサジに物を盛る加減を「サジ加減」という。サジ加減にもいろいろあり、薬を調合する時のような分量を加減する、下味《したあじ》の付け加減、食材の組み合わせ加減、煮込みをする時のような煮込み加減などである。ちなみに、サジ加減を料理でなく人間に使う場合は、加減・手心・他人への配慮などのことを言う。

西洋料理は、料理そのものに砂糖を使うことはほとんどなく、デザート・菓子・コーヒー・紅茶などに使う。トマト（グルタミン酸ナトリウム）・チーズ（酸味）・肉の煮汁・グレイビーソースなどを砂糖代わりに使う。

砂糖をどんな料理に使うと、砂糖の特徴や力が発揮されるかというと、繰り返しになるが、

①メレンゲをつくる時のように卵白に加えて泡立てる
②パンを大きく膨らませる

③ふわふわの玉子を焼く
④ジャムをつくる
⑤殺菌作用で食品を長持ちさせる
⑥油を使った食品の酸化を防止する
⑦パンやクッキーを美味しい焼き色に仕上げる
⑧肉・豆・芋などを柔らかく煮込む

などの時である。

砂糖は甘みの調味料としてだけでなく、料理や菓子をより美味しく仕上げるうまみの働きがある。例えば、焼肉の下味のもみだれに使うと、親水性が加味されて肉が柔らかくなる。肉や魚の生臭さを消臭する「マスキング効果」がある。煮込みや卵料理などの食材や他の調味料の浸透を良くする。

なお、砂糖には、砂糖漬けでわかるように、吸水性があり、果物などの漬け物の水分を減らし、殺菌や腐敗を防ぎ、長期保存性がある。言い換えれば、甘みをつけながら、食品に防腐作用や保水性の効果を発揮するため、賞味期限が表示されない。とはいえ、においや湿気を吸収しやすい。であるから、必ず蓋のある容器に入れて冷暗所に置くと良い。

要は、より良い食の総仕上げは、「うまみ（旨味）」を出すことであり、うまみ（旨味）は料理・調理＋食器類＋会話＋美味しく食べられる雰囲気＋場合によっては周りの風景や借景などとの融合である。

前述したように、人類が出現したのは第四紀の約二百万年前のことである。人類は火を使い、火で調理して食することを覚え、調味料として最初に知ったのが塩である。塩がなければ人間は生きてゆけない。古代ローマでは　塩が給料の代わりに使われた。

何はともあれ、人類最初の調味料は塩である。

どんな時に使われているかというと、塩煮などの料理、パンや麺類の製造、食材の防腐や保存のための塩干物や塩漬け（野菜）、肉やイカなどの塩蔵、味噌や醤油などの発酵作用を施す、などである。

ここで、食用塩の用途についてつけ加えておこう。
①酢・ソース・マヨネーズ・トマトケチャップなどの基本的な調味料として
②塩揉《も》み・塩洗い・塩ゆでなどの調理用として
③魚などの生臭さ取り・食材の脱水・色彩の演出として
④パン・うどん・そばなどの麺類や菓子などの発酵用として
⑤青菜・大根などの漬け物保存用として
⑥塩辛・塩干などの塩漬け保存用として
⑦味噌・醤油などの発酵調味料として
⑧塩汁などの発酵用として
⑨乳製品・肉製品・練製品・缶詰・即席カレー・スープの味・ふりかけ、その他の加工食品として

言うまでもなく、塩を直接食べることはめったになく、もっぱら料理と調理に使う。塩を使って料理を美味しくする方法には、第一に用途に合った塩選び、第二に塩使

い、第三に塩加減がある。塩を料理で使う時は、序盤で少し入れ、終盤で味つけすると良い。先にも触れたが、素材の味を引き出すには、塩の前に砂糖を入れると良い。

料理に天然塩を使うと美味しいのは、微量のミネラルが存在するからである。魚料理に天然塩を使うと磯の香りと共に魚の味を引き立てる。岩塩は肉料理やきのこ料理に相性が良く、まろやかな味を出す。その他に、例えば、天ぷら・餃子・豚シャブ・冷奴・卵かけご飯などに、少量の天然塩をかけると素材本来の味が際立つ。サラダにかけるなら、天然塩・胡椒・ごま油・オリーブオイルなどが良い。

以上のような料理や調理の場面で、「旨い、美味しい、楽しい」と、心から感動できることが日々幾度かあれば、その人は幸せである。

蛇足ながら、歴史と伝統及び文化を受け継ぐ日本酒について触れておきたい。日本酒の種類には大まかに純米酒、吟醸酒、本醸造酒がある。

調味料の日本酒には純米酒が似合う。純米酒の糖質は一〇〇グラム当たり三・六グラムである。米飯一杯分一五〇グラムの糖質は五五グラムで、これは日本酒一升分を飲む量に匹敵する。日本酒の糖質とはこの程度のものである。

和食と一緒に飲むあるいは一人で飲む日本酒の肴《さかな》（おつまみ）に、器の升の角に塩を使うことがある。この相性は味覚的に理に叶った組み合わせである。昆布塩や昆布梅でも良い。これは戦国時代からの今日の日本人の粋な飲み方なのである。

日本酒には「五味」があり、甘味・酸味・苦味・うまみの他に、肴（おつまみ）としての塩で「塩味」が加わり、バランスの良い「五味」となって日本酒が美味しくなる。

加えて、日本酒の味の良し悪しは、砂糖や塩と同様に、一人でも数人でも、飲み手の心の立ち位置にかかっていると言える。

「酒は百薬の長」と言うが、飲み過ぎても体に良くないし、少な過ぎても味気ない。「塩梅《あんばい》」が重要で、適量の日本酒には低分子量成分があり、発ガン抑制作用がある。

さらにつけ加えると、「だし」は、直接砂糖や塩にかかわりないが、食のバランスを高める「うまみ」を倍加させるのに有用である。

だしの種類として、

①昆布・大豆・白菜・トマト
②かつお節・煮干し・鶏肉・豚肉
③精進だし＝干し椎茸＋昆布
④昆布＋かつお節＋香味（レモン）→辛味・酸味
⑤昆布＋煮干し＋α
などがある。

健康と病気

砂糖は脳と体と心の安らぎに不可欠であり、長寿の素である。

いまは亡き泉　重千代氏を始め砂糖生産地の徳之島や種子島に住む島民の人びとの長寿の秘訣は、黒糖をサプリメント代わりに、常にお茶請けや農作業の休憩時間に食べ、また、機会があれば黒糖焼酎を飲んでいるからだという。

すなわち、黒糖は、体の疲労回復、脳の疲労回復、貧血予防、高血圧、動脈硬化症、糖尿病、骨粗しょう症の予防、食欲不振の改善などに役立ち、長寿の要素を保持していると言える。付言すると、種子島のサトウキビの糖度は奄美大島以南諸島の糖度よりも五～一〇％低い。そのため、そのまま煮固めた黒糖は甘みを抑えた美味しい「自然のミネラル食品」になる。

砂糖も塩も、人間の脳や体の求めに応じて必要な分だけ日常摂取していれば、人間の体には何の問題もなく健康でいられる。

砂糖は体内で消化され、ぶどう糖となって吸収され、脳や体のエネルギー源になる。前にも触れたが、心の安定を促す神経伝達物質のセロトニンをつくるアミノ酸であるトリプトファン含有食品とぶどう糖をすばやく補給することができる砂糖は、オキシトシンの分泌を促し、セロトニンの働きを活発化させ、脳や心をリラックスさせる。砂糖の標準的摂取量は一日七〇グラムと言われているが、激しい運動をしたあとや疲労や衰弱したあとは体力を回復させ、脳や心をリラックスさせるために、それなりの摂取量の増量が必要である。

砂糖摂取効果には、脳の活性化・記憶力アップ・ストレス解消・身心のリラックス・老化の防止・食欲不振の改善・興奮鎮静化・水分蓄積・眠気防止などがある。

砂糖摂取量は、食習慣やライフスタイルあるいは地域の伝統文化などの違いで異なる。

今日では、共働き・余暇・買い物・旅行などのライフスタイルの変化で、加工食品や外食などへの依存度が高まり、砂糖自体を使う「見える砂糖」よりも、加工食品の中で「見えない砂糖」の使用量が知らず知らずのうちに増大している傾向があり、気がつかないうちに危険度が高まる恐れがある。

砂糖を一日七〇グラム以上多く摂り過ぎると、ビタミンB_1の不足を招き、エネルギー源として利用できず、肉体的にトラブルを起こしやすくなる。砂糖などからの糖分を極端に減らすと、体内でぶどう糖（グルコース）が不足して、その代わりに脂肪をエネルギーに使う。すると、中間物質のケトン体が発生し、これが尿中に出て、血液を酸性にする。その結果、疲労・脱水・幸福感の欠如といった症状が現れ、尿酸濃度が上昇し、腎臓や肝臓に悪影響を及ぼす。その結果、肥満になる。

肥満は、食べ過ぎや運動不足、それに不規則な食生活が重なる場合であって、砂糖を過剰に摂り続けたからといって直接肥満の原因になるわけではない。糖尿は、遺伝やストレスなどによって、すい臓から分泌されるインスリンというホルモンの働きが悪くなる結果である。虫歯は、ミュータンス菌という細菌が食物の糖分を粘着性のあるグルカンという物質に変え、細菌の繁殖時間と重なり、酸が歯を溶かす結果である。

また、砂糖を大量に摂ると、低血糖状態になり、いらいらが募り、頭痛がして疲労感が広がるので、砂糖の過剰摂取は控えたほうが良い。

つまり、砂糖の過剰摂取や過剰抑制は脳と体と心に良くない。であるから、常日頃、砂糖を甘く見るな！　ということである。

塩は命の素である。塩は人間が生きていくために必要不可欠なもので、塩に代わる代替物はない。

繰り返すまでもなく、塩は国際基準の摂取量では一日六グラム未満であるが、日本人の摂取量は味噌や醤油などの塩分の濃い調味料を使用するため、他の先進諸国に比べて多い。二〇二〇（令和二）年の男性の摂取量は一一・四グラム（減塩目標量七・五グラム未満）で、女性は九・八グラム（減塩目標量六・五グラム未満）である。山梨県民や東北県民の人たちは男女とも高い摂取量である。

血液や消化液などの体液中の塩分濃度は〇・九％である。塩分を多く摂り過ぎると高血圧になると言われているが、減塩したからと言ってすぐに血圧の低下に役立つという結果は出ていない。塩分はナトリウムによって交感神経を刺激するため、過剰な摂取は血管を収縮し、血圧を上げる。ただし、塩分が不足すると、疲れやすく、食欲が減退し、頭痛や吐気などの弊害が出る。減塩というよりは適塩でバランスの良い食事を楽しく取ることが健康に良い。

ついでながら、故中村 哲国連医療アドバイザーの当時の話によると、パキスタンのアフガニスタン難民キャンプで、吐き気や下痢を訴える子供たちの対応で、母親に水を用意し、それにサジ一杯の砂糖と少量の塩を入れることを勧めたという。

脱水症状になった時は、水分を補給するだけではだめで、糖分と塩分を補給することが肝要である。なぜなら、砂糖はすぐにエネルギー源として役立ち、塩はカロリー・ゼロであるが、火を点けると燃えるように、すぐに体を温め、体の生理的バランスを整える効果があるからである。食欲不振や夏バテ防止には、周知のように、塩飴・塩キャラメル・塩マカロン類などの塩スイーツを活用すると良い。トマトなどの野菜ジュースに塩を振りかけてもミネラル補給になる。熱中症対策には、塩分やミネラルを含む食品や飲料を補給すると良い。

塩分も過剰に摂り過ぎないほうが良いが、くれぐれも、自分は塩にはえん（縁）がないなどと軽々しく思ってはいけない！

職人の技

職人とは、手練《てだれ》者とも言い、腕前が優れ、手先を使って器用に物をつくる技、巧みな技を持ち合わせている人である。

ここでいう職人とは、料理を極めた達人と優れた菓子職人（パティシエ）のことである。顧客や相手の注文に応じて、彼らに喜んでもらえるような食材や調理法を揺るぎなく駆使し、味の良い、こだわりのある美味しい料理や菓子をつくるという強い信念、頑固と言っても良いほどの粘り強さ、コツコツと地道に取り組む姿勢、つまり、職人気質《かたぎ》の人である。

砂糖と塩にかかわる職人の技には三つある。その一つは砂糖や塩をつくる技、生産する技である。二つ目は砂糖や塩を使って料理や調理をする技である。三つ目はこれらの技を育て、地域を育て、技を継承して「和」の文化を残す技である。

まず、砂糖をつくる技、生産する技から見てみよう。

砂糖はサトウキビや砂糖大根からつくられる。これには長い歴史がある。代表的な日本古来の製法を一つ見てみよう。

明治時代には、外国産の砂糖が流入し、国産はほんの僅かしか残っておらず、琉球と讃岐、阿波で生産する砂糖だけが生き残った。

中でも、讃岐と阿波の「和三盆《わさんぼん》」は、ごく限られた地域にしか残っていない。この製法は、一八〇四年から二〇〇年以上も長く受け継がれている日本の伝統製糖法で、「和三盆製糖法」という。一七四六年に高松藩五代藩主松平頼恭《まつだいらよりたか》が幕府の命を受けて栗林荘内に薬草園を設け、医者池田玄丈《いけだげんじょう》にサトウキビを試作させた。そして藩医の平賀源内《ひらがげんない》に砂糖づくりを研究させ、讃岐に根付く種キビを栽培させた。

一七七九年に平賀源内の遺志を継いだ弟子の池田玄丈の門下生である向山周慶《さきやましゅうけい》が

栽培研究と製糖法を引き継いだ。しかし、根付かせる種キビの育成は困難を極めていた。一七八八年に奄美大島から讃岐にお遍路に来ていた行商人関良助《せきりょうすけ》が途中で病に倒れ、それを向山周慶が救った。種キビの育成の困難さを聞かされた関は、奄美大島に戻り、島からの持ち出しが禁じられていた種キビを弁当箱に忍ばせ、死罪覚悟で向山周慶に届け、製糖術を伝授した。一七九〇年に讃岐で育てた種キビで、初めて砂糖の製造に成功した。一八〇三年に向山周慶が氷砂糖・紫糖・霧糖（白糖）の製法を完成させた。翌年には、讃岐国大内郡湊村で砂糖の生産が隆盛した。

一八〇六年に讃岐国大内郡馬宿村の久米栄左衛門《くめえいざえもん》（通賢《みちかた》）が、いままでの木製の冷し桶を素焼きの瓶に換え、結晶の効率化を図った。翌年に向山周慶が畚製《ふごせい》砂糖を始めた。一八〇八年に讃岐国大内郡南野村で押舟切櫂《おしぶねせっかい》（石櫂《せっかい》）法が発明され、分蜜が簡単にできるようになり、「和三盆製糖法」が完成した。

一八一九年、通賢が砂糖車をいままでの木製から石製に換え、作台を改良した。一八二四年に讃岐国大内郡南野村では周囲に桶を取りつけた荒釜がつくられ、沸騰によりアクが溢流される煮煎法が創案された。

一八〇〇年初頭の「和三盆」の製糖工程は、地元産の細くて背の低い竹糖《ちくとう》というサトウキビを十二月に収穫し、これを搾った汁を、アクを丹念に取り除きながら釜で煮詰める。ちょうど「いい塩梅」の煮詰め加減の見極めが職人の技である。いったん不純物を沈殿させ、上澄み液を再び煮詰めて冷ますと、茶褐色のドロっとした白下糖《しろしたとう》ができる。白下糖を「押し船」(国の重要有形民俗文化財)という箱に入れ、棒に吊るした石を重しにしたテコの原理で糖蜜を一晩かけて抜く。取り出した白下糖は職人が両手で揉《も》み、指先で「押し手」に水をつけて煉りほぐす「研《と》ぎ」の技、白下糖の結晶の角《かど》を取ると黒い糖蜜が抜けやすくなる分蜜の技、職人の真骨頂の手作業の技を経て、再び糖蜜を抜く。「研ぎ」の工程を荒掛け・つぶり・どぶ研ぎ・中研ぎ・上研ぎの五段階で進める。そして丸一日かけて自然乾燥させてサラサラした「和三盆」に仕上げる。研糖盆の上で一日一回、三日間にわたって研ぐため、この名がついたという。たおやかな黄褐色の上品で独特な風味の和三盆が出来上がる。

前にも触れたが、珠洲市の仁江《にえ》海岸沿いの塩田でいまもなお四百年前と変わらない

「揚げ浜式製塩法」を継承している人が、角花《かくはな》家五代目の角花 豊氏と六代目の角花 洋氏である。

珠洲市の塩士《しおじ》たちは、かつて春から秋まで塩づくりに専念し、冬は酒づくりの杜氏として出稼ぎに行った。塩士たちは、自分たちの暮らしを早朝から、製塩の日照り・風向き・釜焚きなどの時間に合わせて生活している。塩づくりの人びとは、海と強い絆で結ばれた暮らしをしているのである。

四月から十月中旬におこなわれるこの製塩法の概略を見てみよう。

まず、円錐桶（引桶《しこけ》）で塩田にならした砂の乾きを見定めながら、海水をおちょけ（打桶《うちおけ》）で弧を描くように満遍なく均一に潮撒きをする。これは春から夏の晴れた日だけの作業である。名人芸である。

つぎに、天日《てんぴ》で乾かし、塩の結晶のついた砂を塩田の中央の木枠（垂船《たれふね》）に詰めて、その上から塩水を流し、ろ過して濃度の高い塩水（かん水）を採る。

さらに、塩分一五％ほどのかん水を木箱の下に貯め、それを大きな釜に移して、これを薪《まき》による火加減を微妙に調整しながらアクを取り除き、塩分濃度二四〜二五％まで六〜七時間ほどかけて夜を徹して釜炊きし、二日ほど煮詰めて塩をつくる。この煮詰める見極めが職人技である。

そして、塩化ナトリウム九二％の柔らかな甘味な塩に仕上げる。長年の経験と勘による奥深い職人技である。

石川県珠洲市仁江海岸地域の製塩業者のうち、一九六〇（昭和三五）年の「塩専売制」下で最後に残ったのはこの角花家だけであった。

「塩専売制」が廃止になった一九九七（平成九）年以降に、再び能登の伝統製塩法による塩づくりを立ち上げ、挑戦した浜士《はまじ》の一人に中前賢一氏がいる。氏は不運にも能登半島地震で亡くなられたが、氏が手間暇かけ、創意工夫してつくり上げた「大谷塩」は、程好い塩粒、まろやかさ、優しいほのかな甘みで職人技を発揮した。

「生産地」のところで触れたが、長野県大鹿村にある鹿塩《かしお》温泉の「山塩館」は、地底七〇〇〇メートルから湧き上がる自家源泉（塩化物強塩冷鉱泉）を薪炊きで、朝から夕方までじっくり煮込み、残った塩分から塩を精製している。塩分濃度は海水とほぼ同じ濃さの源泉ではあるが、精製される量はほんの僅かで、一リットル当たり三〇グラムである。

「山塩」の特徴は、海水に比べて塩分が濃く、その中でも、とくにマグネシウム（にがり）分が少なく、その他のミネラル分も海水塩のそれと異なるため、さらりとした柔らかな塩味の中に甘みも味わえるものである。

開湯伝説もある歴史ある温泉で、古くから細やかな技をもって作業する地道な職人（山爺）たちが少ないため、大量生産が難しい。したがって、この地の職人（山爺）技は、幻の、あるいは奇跡の技と言える。

……………………………………………………………………

これも前で触れたが、沖縄県うるま市の「ぬちまーす観光製塩ファクトリー（製塩工場）」では、「常温瞬間空中結晶製塩法」で製塩する、世界で唯一の塩工場として操業している。創業者の高安正勝氏が一九九七（平成九）年の「塩専売制」の廃止を契機に製造法を発明し、一九九八（平成一〇）年に商品化したものである。二〇〇〇（平成一二）年にミネラル含有量の多さでギネスに認定された。二〇〇七（平成一九）

年に製塩工場がオープンした。

製塩工程も前に少し紹介したが、以下の通りである。

まず、太平洋側の外海の透明度の高い海水を海岸から五〇メートル先の沖合から四段階ポンプでポンプアップし（取水量四五〇トン／月）、海面から六六メートル高台の工場のろ過室に引き込む。つぎに取水タンクの海水をろ過する。第三に製塩室で濃縮海水に温風機で温風を吹きかけ、さらに、濃縮海水を円盤状微細霧発生機にかけて水分をはじき出し霧にする。第四に水分だけを気化（蒸発）させ、空中で海洋ミネラル（にがり）分を多く含む塩分を結晶化させる。第五に落下して蓄積した雪のような塩の結晶を十日に一度手作業で採取し、乾燥室に入れて一六時間乾燥させ、ふるいにかける。最後に、検品室で不純物、色、味、においなどを厳正に官能検査し、徹底的に品質管理し、包装後、金属探知機をかけて、商品としての海塩に仕上げる。

手間と時間をかけた工程が良質な塩を生み出す。各所につくる職人の技がある。

職人技の二つ目は、料理・調理する技である。

「隠し味」とは、あとで触れる「うまみ（旨味）」の一種で、それ自体はそれほど料理に必要なものではないが、砂糖・塩・料理酒・みりん・味噌・酢・食用油・香辛料、その他の調味料を少量加え、その調味料の味は表面に出さず、どこに調味料を使ったかわからないのに、全体の味を引き立たせる効果（効果には対比効果・抑制効果・相乗効果・変調効果がある）を上げる調理技法であり、また、その調味料のことである。その調味料を少量加えることで他の材料（食材）の風味や香り・照りなどを引き立たせ、調理に味の強弱・高度・深み・まろやかさ・長所などのアクセントをつける技である。

砂糖や塩も、ここでは立派に「隠し味」の役割を果たす。

言い換えれば、「隠し味」は、スパイス・香辛料・薬味・ニンニクなどと関連づけて他の調味料を少量加え、全体の味を引き立て、効果を上げる調味方法と言っても良い。時には、料理を目立たせる味の決め手・秘伝・直伝の味でもある。

人間で言えば、自分自身の才能や魅力を控え目にするのが「隠し味」である。

「人生」も同じで、学歴・地位・名誉・財産などを表に出さず、これらを深いところに蓄えておき、その持ち味を、それとなくさりげなく自然に染み出させるところに本当の「人生の味」と言うものがある。

相手に対する目に見えない目配り・気配り・心配り・心遣いあるいは安心感をもたせることが、「隠し味」の根源である。ただし、それが活きるのは、前提条件として、相手がそれに気づき、受け止めることのできる度量や感性の持ち主であることである。「隠し味」は、言わば、人生における目標あるいは目的達成を助ける触媒役（カタライザー）、引き立て役、影の力、縁の下の力持ち、裏方、香辛料、香料、薬味などのスパイス役であると言っても良い。

繰り返すまでもなく、「うまみ（旨味）」とは、ひと口で言うと食べ物の美味しさをいう。ひと味の他に、香り（臭覚）や食感（触覚）などから出る美味しさ、繊細な味、かぐわしい味、良い香りが漂う馥郁《ふくいく》とした味の程度をいう。ごく簡単でありながら上品な味のことである。

繰り返すと、「うまみ（旨味）」とは、基本的な味覚だけでなく、コクや香りなど嗅覚で味わう風味、歯ごたえや舌触りなどの触覚で味わう食感、外観や花や植物、色や形などで味わう視覚、かんだ時に発する咀嚼音などの食味情報及び食事の雰囲気や室内環境あるいは周りの風景や借景などを総合して、脳が判断する「和」の料理の美味しさである。

これは、まるで茶会でもてなす雰囲気づくりに似ている。

漬け物を漬ける時、肉や魚や野菜を塩漬けし、味つけをする時に、職人は長年の智恵と技を使って塩の種類や性質を見極める。京漬けには塩を握った時の指の感覚、振り撒く時の手離れの感覚で塩加減を調整し、塩味を決める。料理する職人の技である。

日本料理に「和《あ》え物」があるが、ここにも職人の腕の見せどころがある。下処理した食材に他の食材あるいは調味料などを混ぜて、食材の持ち味を一層引き立たせ、味わいを広く深くして、美味しくする料理である。混ぜ合わせにはミキサーなどを使って、元の食材の形を粉々にして混ぜ合わせるものと、形を変えずに混ぜ合わせるやり方があるが、本来の「和え物」は後者のやり方の料理をいう。「ごま和《あ》え」には、ほうれん草や小松菜などの青菜にごま・砂糖・みりん・だしなどを混ぜてつくる。「白和え」には、きゅうり・キャベツ・白菜などの野菜にこんにゃく・豆腐・白味噌などを混ぜる。

「和え物」をつくるにも砂糖と塩は欠かせない。この混ぜ合わせ加減が職人の成せる食感の技である。

和菓子を始めとする砂糖と塩を使って料理する料理人の技は、手と指の巧みなさばきと触感や舌の鋭さによるものである。これは、沖縄の首里城再建工事担当の宮大工外間《ほかま》義和氏をはじめ、京都や奈良などの寺社や城の造営、復興、再建などを手掛ける職人や刀鍛冶《かたなかじ》の職人などの感覚さばきと同じである。釘を使わない宮大工の木工技術は〇・五ミリメートルの線は木に引けないので、長年培った勘と手とノミの僅かな感触さばきで作品を仕上げるように、料理や調理の達人は、巧みな手さばきとサジ加減、それに、舌の微妙な味覚や触覚で作品を仕上げる。

先にも触れたように、砂糖を菓子料理に使う時のパティシエの技では、砂糖の特徴や力が発揮される。それは、卵白に砂糖を加えて泡立ててメレンゲをつくる時、パンを大きく膨らませる時、ふわふわの玉子を焼く時、ジャムをつくる時、殺菌作用で食品を長持ちさせる時、油を使った食品の酸化を防止する時、パンやクッキーを美味しくこんがり焼き色に仕上げる時、などである。

料理の達人が勧める「美味しく減塩」する方法が三つある。一つ目は酢などの酸味を足し塩分を減らしてうまみを出す方法である。二つ目はだし（昆布・かつお節・煮干し・椎茸）などのうまみを足して塩分を減らす方法である。三つ目は唐辛子・わさび・ミョウガ・ショウガなどの辛味・香りを足して塩分を減らしてうまみを出す方法である。

正月料理の「おせち料理」は一般に、初の重：甘み、二の重：焼き物、三の重：煮物、与の重：酢の物・和え物から成る。これは、日本の伝統的な食文化であると同時に、昔からの料理や食材に関する職人の智恵が濃縮され、単に美味しさだけでなく、栄養バランスや甘・辛・酸などの味のバランス、そして、保存性や調理性にまで及ぶ、科学的な料理である。食材も時期に合わせた縁起物を混ぜ、「うまみ」と合わせて人びとの幸せを祈る。塩《えん》は……もとい、縁は異なもの味なものである。

…………………………………………………………………………

職人技の三つ目は技を育て「和」の文化を継承する技である。

前述した「和三盆の製糖法」は、先人の多くの手の技によって育てられたものである。八代将軍徳川吉宗は、外国産の輸入砂糖が流入する時期に、それに対抗して日本産の砂糖を栽培する方法を自ら育てた。

種子島の沖ヶ浜田《おきがはまだ》黒糖生産協同組合では、料理用でなく「食べる黒糖」を美味しくつくる方法（秘訣・秘密）を伝えている。

その手順を内密に示すと（?・）、まず手作業を極めたサトウキビを収穫し、つぎに伝統製法「三段登り窯舟形鉄平釜製法」を採用し、さらにサトウキビの搾汁液が一〇〇度を超え、水分が蒸発してから一二〇〜一二五度辺りになる温度管理を、繊細で絶妙な技術によって見極める。温度だけでなく、粘性の抵抗感、蒸発音、香り、水蒸気などを五感で判断する。温度計に頼らない職人の五感で微妙な温度を調整する。受け継がれる職人の技である。

岡山県玉野市の「ナイカイ塩業」は、一九九七（平成九）年の「塩専売法」廃止を契機にいち早くイオン交換膜製塩法に着手し、塩の大量生産の一翼を担った。この創業者である野崎武左衛門《のざきぶざえもん》は、のちに「日本の塩田王」と呼ばれた。

先の「原産地」のところで触れた久米栄左衛門（通賢）は一八二九年に、瀬戸内式気候、潮の干満差の大きさ、砂浜の多い海岸線の存在という好立地条件が整っているとして、坂出塩田を開発したいと高松藩に建白書を提出し、延べ百三十二町歩（約一三二万平方メートル）の坂出「入り浜式塩田」を竣工させた。しかし、工事費は藩の助成二万両では足りず、私財を投げ打ち補填し工事費に充てた。その甲斐あって、当時の坂出塩田の生産が全国シェアの三〇％以上を占めるようになった。通賢は、また、藩に砂糖の流通統制についても建白し、地域の活性化、言い換えれば、地域の経営や地域の文化の一翼を担った。彼はのちに「塩田の父」そして「讃岐のエジソン」とも呼ばれた。

このように、職人の技は、今日の、社員を大事にし、そのパワーを結集させる企業の組織づくりや経営の在り方及び経営者のリーダーシップなどに、少なからず参考になるのではなかろうか。

食の文化と茶の文化

文化とは、歴史と伝統が継承される中で、日々慣習的に築き上げた態度・行動・思考・価値観・智恵・規律・技術・風土などをいう。

生活の中の食の文化と茶の文化は、その典型である。

砂糖と塩、とくに、砂糖はさまざまな文化を発達させた。砂糖は食生活のゆとりや楽しさを提供するシンボルと言って良い。砂糖には、多彩な料理や人間関係を深める文化機能があり、食文化をつくった。砂糖は、美味しく食べて、楽しく語り合う場を提供する。

長崎は、江戸時代以前から異国を受け入れ、貿易や布教の拠点であった。文化の最先端の地であり、十字路（クロス・ロード）であった。それに、菓子文化とそれを通して生活文化や芸術文化をも開花させた。

周知のように、長崎から小倉に至る長崎街道は「シュガーロード」とも呼ばれ、江戸時代前半の早い時期に外国から長崎に陸揚げされた砂糖が上方へ運ばれる時の通り道であった。その恩恵を受けて、佐賀藩は全国に先駆けて将軍家に砂糖を献上した。

城下では南蛮菓子を起源とする一大砂糖菓子文化が生まれた。

肥前（佐賀）に菓子文化が発達したのは、この地が砂糖の集散地であるばかりでなく、ポルトガル文化や中国文化が伝来するのにふさわしい長崎港と平戸港の良港があり、その背後に豊かな穀倉地帯、とくに小麦の集散地があったからである。肥前は、たちまち砂糖文化の一大王国になり、東洋の食文化の中心になった。

南蛮菓子は、日本の風土の中で長年かかってつくり上げた伝統的な和菓子である。和菓子は、各地の特有な材料を用い、季節に合わせてつくるため、その土地固有の名物菓子として地域に根付いていった。和菓子には深さと広がりがあり、人びとの心に安らぎを与え、先人の多大な智恵が刻み込まれている。和菓子は、儀礼・行事・祭りなどの日本文化や地域文化及び季節感などを反映して発達した。

前述の「職人の技」のところで触れたように、「おせち料理」は日本の伝統的な食文化である。季節の食材・料理・味・栄養・組み合わせなどが相俟って、日本の食文化を濃縮した料理と言って良い。

古代・中世の頃は、上流階級から庶民の生活にとって欠かせなかったのは、砂糖ではなくて塩であり、「塩の文化」が発達した。塩は漬け物などで日本の食文化を発達させた。塩は食文化だけでなく、「塩の道祭り」や地域塩祭り及び藻塩焼神事や塩汲み行事など、地域の伝統文化や歴史行事を継承し、日本文化の一端を担っている。

茶の文化は、八一五年に中国の唐から帰国した僧侶永忠《えいちゅう》が嵯峨天皇に茶を献じたことから始まった。これが日本最初の「茶事《ちゃじ》」であり、今日の「おもてなし（ホスピタリティ）」文化の始まりである。

砂糖の消費は、イギリスで紅茶に砂糖を入れる食習慣が発達したのに対して、お茶（渋味）に和菓子（甘さ）を添えるという形に姿を変えて発達し、砂糖消費につながった。千利休《せんのりきゅう》（一五二二～一五九一年）の晩年、一五九〇年八月から翌年の正月までにおこなわれた茶会の記述『利休百会記』に和菓子のリストが書かれていた。

南蛮菓子は、長崎県の平戸の茶道に隆盛をもたらした。平戸藩主松浦家の茶道の茶菓子は、カステラを改良したものであった。

佐賀県の伊万里焼は、日本の文化形成にとって重要な要素である禅・茶道・陶磁器を同時に含み、関連していたと考えられる。伊万里焼の原料である陶石は、干満の差を利用した塩田の川船で運ばれ、天草から有明海に渡り、同時に大量の砂糖を内陸まで運搬していた。陶磁器の原料と砂糖が同時に運搬された事実は、茶の文化と密接な関係がある。

中国由来の唐津の干菓子《ひがし》の銘菓「みどり」は、小麦粉と砂糖を煉り合わせた生地を焼いて外側に砂糖蜜を四重にまぶした菓子で、茶の文化と共に根付いた銘菓である。

佐賀県の唐津に発達した茶道の宗偏《そうへん》流は、千利休の孫の千宗旦《せんのそうたん》の高弟の山田宗偏が創った茶道の流派であるが、茶道と同時に「松露《しょうろ》饅頭」という茶菓子を発展させた。製法は、小麦・卵・砂糖を合わせた生地に小豆の「こしあん」を入れ、木炭の火で焼き上げる小麦菓子である。

なお、佐賀県の吉野ヶ里には、臨済宗の開祖明庵栄西《みょうあんえいさい》禅師が日本で初めて茶を栽培したとされる背振山霊仙寺《せふりさんりょうせんじ》がある。ここは江戸時代の煎茶の祖と言われる黄檗宗《おうばくしゅう》の僧売茶翁《ばいさおう》の出身地でもある。ここでも唐饅頭「逸口香（一口香）」などの小麦菓子がもてはやされた。

茶菓子は甘いものとは限らず、「しおがま」のような塩分の入った茶菓子も好まれた。いまの茶菓子の一つに「和三盆おかき」（現在、販売中止）や下諏訪の「塩羊羹」などがある。

佐賀市の小城《おぎ》公園内の北側に、大名茶人と呼ばれた織田有楽斎が使用したという茶《ちゃ》筅《せん》の塚がある。主人と客との違いはあるにせよ、茶室や茶事は身分を超えた社交の場であった。小城の桜にあやかった「櫻羊羹」は、茶菓子として名声を博した。

当時の中国文化の普及は、小城鍋島藩初代元茂《もとしげ》や二代直能《なおよし》と黄檗宗の開祖隠元《いんげん》との交流から起こったと言われている。

茶道は、一般に聖・静・生の世界である。茶道の精神には、わびの極致で外に向かって精神を昂揚させ、内に向かってそれを純化し集中させることが求められ、その過程で主客一体の真・善・美の充実が求められる。和菓子はその過程の引き立て役の品であると言えよう。

宗教と信仰

砂糖と塩は、古代から貴重な品であり、純白で神秘性があるゆえ、宗教とのかかわりが深い。人びとは砂糖を甘みだけでなく、お祝いや縁日や縁結びなどの祭事や、その時の高級な贈答品及び呪術の儀式の供物、薬・治療などに用いた。

仏教は、人間らしい智慧と尊い慈愛を教える宗教であるが、その発祥の地であるインド東部では、紀元前二五〇〇年頃に、サトウキビの砂糖を宗教儀式に取り入れており、断食中でも僧は砂糖水を飲むことを許されていたと言う。釈尊《しゃくそん》も両者（砂糖と塩）のもつ美しさは、サラサラと身を清め（塩）、執着を捨てて生き、他者への優しさや慈しみを昇華させるもの（砂糖）である、と位置づけていた。

七五四年に鑑真和上《がんじんわじょう》が渡日した際、一緒に船に積まれてきた薬の目録「種々薬帳《しゅじゅやくちょう》」に、「蔗糖《しょとう》」の記述があった。鑑真和上は、日本の仏教を変革したばかりでなく、医薬や薬草の造詣が深く、砂糖を薬用として黒砂糖五百斤（約三〇〇キログラム）を持ち込んだという。仏教の一つである律宗《りっしゅう》を伝播するためには、心身が健康でなければならず、薬品としての砂糖は欠かせないものであったと思われる。

現に、砂糖は一六世紀から一七世紀までは、結核の治療や熱に対する解熱剤、咳、胸の病気、唇の荒れ、胃腸病など、十種類以上の医薬品としての効能が期待されていた。

塩は、いまでも清浄なものとして神聖なものであり、神事・習俗・神饌《しんせん》・盛塩・相撲、地鎮祭などで使われ、お清めや邪気を払うものとして通夜や葬儀に使われている。塩の結晶は、地球や人間の生み出すありとあらゆるものの原点が濃縮された姿であると言える。

「庚申塔《こうしんとう》」は、「庚申塚」とも言い、仏教と道教が結合した庶民の土着信仰を代表する傑作で、とくに、男性を表す守護神であり、大地から湧き上がって発生した神の石塔である。農村集落の出入口にあり、邪鬼・悪霊・疾病・魔の侵入を防ぐ守護神役を担っていた。

「道祖神」は街道の悪霊を払い行人を護る神、夫婦和合の神、豊作祈願の神として祀られている。

「地蔵」は、一般に衆生の苦患を救う仏の化身として祀られ、そのうちの地獄道・餓鬼道・畜生道・修羅道・人道・天道の世界を表す「六地蔵菩薩」が有名である。

前にも述べたが、塩の道の「千国街道（松本街道）」の終点である松本市では、毎年正月に「松本あめ市」が開かれる。そのあめ市の祭神である塩土之老翁《しほつちのをじ》が「深志《ふかし》神社」の境内にある「（本町二丁目）市神社」に安置されており、当初は「塩なめ地蔵」として信仰されていた。その後塩不足になって、境内や街中で飴が売られるようになっても、「飴なめ地蔵」として信仰されている。

信仰のシンボルとしての「塩なめ地蔵」の例はまだある。

東京都江東区の史跡中川船番所は、かつて小名木川《おなぎがわ》と旧中川が交わる水運の関所であった。小名木川は千葉から塩・魚・野菜などを江戸に運ぶために、一七世紀前半に開削された。この小名木川沿いに、「塩なめ地蔵」がある。「塩なめ地蔵」は江戸と塩産地の行徳《ぎょうとく》（千葉）とを往復する塩商人が信仰した地蔵である。

先述の通り、相模国の金澤にもかつての「塩の道」があり、この道中に浄土教の一宗派である時宗の光触寺《こうそくじ》がある。この境内に「塩嘗地蔵」が安置されており、金澤の塩商人が行きに塩を供えると帰りにはもうなくなっていたと言う。塩と信仰とのかかわりが偲ばれる。

神は、製塩の神としてだけでなく、清らかさや清潔さを求める神でもある。そのため人間は身心を清めるために塩を使う。

伊勢神宮では毎年十月に神事「御塩殿祭《みしおどのさい》」があり、塩をつくって塩を運んだ先人を偲ぶ。神事では「塩筒翁《しおつつおきな》」が、産業・通商・道案内の神様として姿を変えて現れる。

鹽竈神社（末社・御釜神社）の藻塩焼《もしおやき》神事の火入れ式には、製塩の神である塩土《しおつち》老翁神《おじのかみ》を祀る鹽竈神社の神職が、これを執りおこなう。海水から塩を採り出す塩づくりの行為は、最も厳粛なる生の営みであり、伊勢神宮で使用する御塩を用意するために、伊勢市の海岸でいまでも執りおこなう「入り浜式技法」は、海の精を採り出すのにふさわしい聖なる儀式にまで昇華されている。

二〇一七（平成二九）年に九十歳で亡くなられたペルー日系二世のカトリック司祭である加藤マヌエル神父は、三十年以上も貧困層や恵まれない人びとに慈愛に満ちた救援や支援活動を続け、子供連れの母親や老人の救済に尽力した。この神父の長年の献身的活動は、「新約聖書」のマタイによる福音書5章13節の「地の塩」を想起させる。

イエスは弟子たちを「地の塩」になぞらえ、「あなたがたは、地の塩である」と言い、「あなたがたは地球に味つけをする塩のようなものである」と言った。

塩の味に効き目のある真の「地の塩」になるためには、料理の味つけのように、他者を活かし、他者の役に立って初めて真の「地の塩」（持ち味を活かせるうまみ）になれる。他者の痛み・苦しみ・悲しみ・悔みなどを、真に理解することである。「隠し味」と言われるように、見えないように「他者を悼《いた》み、他者に役立つ」ことが求められる。「地の塩」は、自分と違う環境の中に置かれてこそ、なすべきことが見えてくる。「地の塩」とは自らを甘く見てはいけないという教訓でもある。

....

今日においては、新型コロナウイルスなどの感染症のパンデミック、自然の大災害や不注意による人災、不法な侵略戦争、宗教の聖地での無益な戦争、偽善宗教団体の横暴と政界との卑劣な癒着、世界に名だたる大国リーダーの横暴や強欲、神仏を恐れぬ生成ＡＩによるフェイク情報や動画の拡散、一般庶民に広がる「墓じまい」や「無縁墓」の増加などで、人びとは、神や仏を信じなくなりつつあり、信仰心も薄れている。

そう思うと、上述の砂糖と塩にまつわる往時の人びとの公私共に未来を見据え、他者を思いやる宗教や信仰が、いかに純粋で尊いものであったかを窺い知ることができる。

これからの人びとは、自らの心の中に宿る魂（神や仏）を信じるしかないのであろうか。

時代のエポック

砂糖と塩のうち、とくに、砂糖はその甘みで人類を魅了し、世界を塗り替えた。

その第一が地理上の発見、いわゆる「新大陸発見」「大航海時代」と呼ばれる出来事である。

大航海時代になって、サトウキビの栽培と砂糖の生産は、世界を一変させるまでになった。砂糖は世界を変え、人間を世界中に移動させた。砂糖は世界中に飢え・欲求・渇望・過酷な惨事や破壊をもたらし、逆に、富（白い金）や自由、そして市民革命をもたらした。

砂糖生産は、一五世紀末にはポルトガル人によって大西洋の島々でアフリカ人奴隷を使い、大規模なプランテーション農業を展開することによって増大した。ポルトガル人はリスボンから東回りと西回りの「海」の「砂糖の道」を開いた。これが、植民地化・奴隷労働・プランテーション農業の拡大、南北戦争、ひいてはイギリスの三角貿易や産業革命などをも引き起こした。

一四九二年八月から翌年三月の間に世界を股にかけて航海したコロンブスは、アメリカ新大陸を発見すると共に、一四九三年九月から一四九六年六月の間の二回目の航海では、カナリア諸島産のサトウキビの苗を携えて航行し、これをイスパニョーラ島(サントドミンゴ島)に移植し、言わば「サトウキビ航路」を開拓した。

カリブ海の島々では、一七世紀にアフリカの黒人奴隷によるプランテーション農業が展開され、モノカルチャー農業によって経済が隆盛し、「砂糖革命」が起こった。「砂糖の時代」は、砂糖そのものが、奴隷制・年季奉公・砂糖労働者・砂糖プランテーション農園と農園主支配・新生産体制下の工場・産業革命・世界貿易・自由と平等・奴隷解放などの、さまざまな激しい闘争をもたらした。

オランダ人は一七世紀に、世界を股にかけて活躍し始めた。そして、サトウキビ栽培と収穫にかかわり、ジャマイカを中心に、カリブ海の島々で活躍した。アムステルダムは世界の貿易拠点となり、オランダ人は世界の貿易ルートを押さえ、台湾やジャワ島にも進出し、その延長として、長崎の出島に入港してオランダ商館を建て、江戸幕府との交易にまで手を伸ばした。

一六一五年以降に、イギリス人は茶を飲み始め、それに砂糖を入れて甘さとエネルギーを得ることを覚えた。イギリスでは、一七世紀前半から一八世紀に中国から輸入した茶の中に、カリブ海や西インド諸島から輸入した砂糖を入れて飲む習慣が広まり、砂糖の需要が高まった。一七〇一年から一七一三年の間にスペイン王位継承戦争で実質的に勝利したイギリスは、砂糖の支配権を掌握し、砂糖の再輸出でも利益を得て、その利益が綿織物の貿易の拡大に結びついた。これらが、産業革命の資本に充てられ、世界最初の「産業革命」を成功させたのである。

具体的には、イギリスはアフリカの黒人を奴隷としてカリブ海（バルバドス）のプランテーション農園に売り、彼らの労働力で生産した砂糖をイギリスに輸入する三角貿易を盛んにおこなった。この過程で、当時、奴隷貿易基地であった港町リバプールとその後背地のマンチェスターに莫大な資本が蓄積され、その利益が産業革命の資本に充てられ、綿織物工業を主とする生産の技術革新が勃興するきっかけとなった。そして、一七六〇年から一八三〇年の間に世界最初の「産業革命」を成功させたのである。

イギリスの豊かな社会は、カリブ海の黒人奴隷がつくった砂糖など、植民地の生産物の取引によって得られた成果であると言って良い。一九世紀後半には、砂糖が大英帝国の支柱になっていった。そして砂糖需要が増大した。かつて王侯貴族だけが味わえる贅沢品が、庶民の日常生活の必需品になっていた。一杯の砂糖入りの紅茶がなければ、一九世紀のイギリスの工業都市における労働者の生活は成立しなかったと言って良い。イギリスは砂糖の輸入と消費の世界一の国になり、イギリス人は世界第一級の砂糖食国民となった。

一七八九年七月十四日から一七九五年八月二十二日の間に繰り広げられた「フランス革命」の背景には、以下のような出来事があった。

一六八五年にルイ一四世は奴隷制を合法化したが、その後、「すべての人間は平等である」という考え方に変えた。そんな中で、イスパニョーラ島を砂糖植民地化したため、一七八九年に人権と市民権（自由・平等・私的所有・博愛）を獲得しようと商工業者や金融業者たちの市民による「フランス革命」が勃発した。ルイ一六世の晩年の一七九一年に、砂糖プランテーションの指揮官が白人農園主たちに反乱を起こされる事件が起きたため、一七九一年から一七九四年の間に、すべての砂糖植民地での奴隷制度を廃止した。

このように、砂糖は奴隷（農奴）制をつくらせ、奴隷に鎖をつけて自由を奪ったが、砂糖の世界的需要が、逆に、自由を求める奴隷解放運動を引き起こしたのである。フランスのナントは、イギリスのリバプールがそうであったように、当時の奴隷貿易の重要な基地であった。砂糖の偉大さは「砂糖は王様」と呼ばれたように、奴隷貿易によって支えられていたのである。

なお、フランスでは、イギリスと違って、砂糖入りの紅茶は普及せず、コーヒーやコーラなどに入れた嗜好品として普及した。

さて、高い塩税と国家財政のための塩の占有で、市民は怒り立ち上がった。世界を揺るがすほどのエポックではなかったが、一国の独立の機運を高めた歴史的事件があった。ガンジーの「塩の行進」である。

一九三〇（昭和五）年三月十二日に、当時六十一歳であったマハトマ・ガンジーは、大英帝国の法律による、塩の製造の禁止や輸入の塩の法外な課税及び塩の専売制に対して、その不当性を訴え、サーバルマティー川の近くの道場（アーシュラム）から四〇〇キロメートル先の都市ボンベイ（ムンバイ）に近いダンディー海岸まで「塩の行進」を断行し、出発して二十四日目の四月六日の夕刻に、この海岸に到着した。砂浜の海水から塩の塊を取り上げ、「この塩で、大英帝国を根底から揺さぶるのです。インドの誇りはこの塩にあるのです。大英帝国には非暴力と不服従・非協力運動を貫きましょう」と訴えた。そこで一九三一（昭和六）年三月五日に、大英帝国は、塩の製造と十万人の政治犯を全員釈放した。この運動を契機として一九四七（昭和二二）年八月十五日に、インドは、悲願の独立を勝ち取ったのである。

前述したように、奄美大島のサトウキビ栽培は、一六一〇年頃、直《すなお》川智《かわち》が中国から持ち帰ったことから始まる。江戸時代中期になって、江戸幕府は、輸入砂糖と引き換える銀・銅の生産が枯渇し始めたとして、砂糖の国産化を奨励した。一八世紀初めに、八代将軍徳川吉宗がサトウキビの栽培を奨励し、吹上御庭（吹上御苑）で試行させた。各藩にも栽培の実験を奨励した。

その結果、四国・中国・近畿地方でサトウキビが栽培された。一九世紀後半には、讃岐（香川）・阿波（徳島）などで精白糖がつくられた。これは「和白糖」と呼ばれた。

一方、幕府の命を受けた高松藩五代藩主・松平頼恭《まつだいらよりたか》が、藩医の平賀源内《ひらがげんない》に砂糖づくりを研究させ、讃岐に根付く種キビを栽培させた。前述したように、平賀源内の遺志を継いだ弟子で医者池田玄丈《いけだげんじょう》の門下生の向山周慶《さきやましゅうけい》が栽培研究を引き継いだ。しかし、根付かせる種キビの育成は困難を極めた。奄美大島から讃岐にお遍路に来ていた関《せき》良助《りょうすけ》が途中で病に倒れ、それを救ったのが向山であった。彼に種キビの育成の困難さを聞かされた関は、奄美大島に戻り、島からの持ち出しが禁じられていた種キビを弁当箱に忍ばせ、死罪覚悟で向山に届けた。

一六〇九年に薩摩藩は、奄美大島の砂糖を武力で収奪し、奄美大島と琉球を半ば支配下に置き、日本最大の砂糖生産地を確保し、砂糖（ほとんど黒糖）の販売を独占し、自由な取引を認めず、この砂糖を収益源として、莫大な財力を獲得した。徳川幕府の備蓄が百万両であったのに対して、薩摩藩の備蓄は二百万両に達した。薩摩藩は幕府に対して主導権を握り、軍事力をつけ、薩英戦争に勝利し、さらに、開国に向けて徳川幕府を倒し、「明治政府」の樹立を実現させた。薩摩藩が強かったのは、まさにこの砂糖による財力のお陰である。

幕末にさまざまな事変があったにせよ、日本が江戸時代から「明治時代」に変わることができた根源は、間違いなく、年貢の米ではなく砂糖の存在、とくに、奄美大島のサトウキビ栽培の島民の涙ぐましい努力があったればこそなのである。

バイオエタノールとリチウム

近年、砂糖は、甘味料や食品としてだけでなく、地球環境に優しい環境負荷の低減に有用な生物資源（バイオマス）として注目されている。とくに、サトウキビやトウモロコシなどから得られるバイオエタノールは、石油に代わる自動車燃料として実用化されている。

砂糖の原料となるサトウキビは、低公害車の普及により、地球環境に優しい有用なバイオマスの一種として、発電用燃料・バイオエタノールの原料に利用されている。サトウキビの搾りかす（残滓《ざんし》）である「バガス」は、いままでサトウキビ畑の肥料として使われていたが、近年では、サトウキビの糖分を利用したバイオエタノールとして自動車燃料に使用されるようになった。

原油や天然ガスの代わりに燃料用バイオエタノールの需要が増大すれば、砂糖の原料となるサトウキビ栽培は減少する恐れがあり、砂糖用サトウキビ生産量の減少だけでなく、砂糖の価格にも少なからず影響する。現に、生産者の一部は、本来の砂糖用サトウキビ栽培からバイオエタノール燃料用サトウキビ栽培へと移行しており、砂糖価格が上昇している。日本ばかりでなく、砂糖大国のブラジル・インド・タイなどでも、この現象が加速している。

砂糖は食品と非食品の需給の狭間で、ますます無視できない存在になりつつある。今後は、サトウキビが低公害車の生産に向かう自動車産業に、どのようにどの程度かかわるのかが見逃せない。

ハイブリッド車や内燃機関（エンジン）をもたない電気自動車（ＥＶ車）を製造し、普及させるために、電池材料として不可欠なのがリチウムイオンである。

この鉱物資源リチウムがどこに埋蔵され、どこで採取されているかというと、その約六〇％が世界の有力な塩湖からである。この塩湖の半分以上が、南アメリカのアンデス山系に属するチリ・ボリビア・アルゼンチンにある高原塩湖である。

その代表的な塩湖がボリビア南西部の標高三七六〇メートルのウユニ塩湖である。この塩湖の湖底にリチウムが埋蔵されている。採塩労働者は希薄な空気と寒さに耐えながら、湖底に溜まったリチウム塩を斧とスコップで採取している。

チリ北部アントファガスタ州のアンデス山脈から流れ込んだ水を湛える砂漠地帯のアタカマ塩湖の地下から汲み上げた湖水には、豊富な鉱物が大量に含まれており、中でも、高純度の炭酸リチウムや水酸化リチウムが採取できる。乾燥地帯のため水分が蒸発しやすく、低コストで安定して生産できる。日本のEV車の動力源であり、リチウムイオン電池の原料となる炭酸リチウムは一〇〇％輸入で、その八〇％を、このアタカマ湖のリチウム生産最王手のSQM（チリ鉱業化学会社）から輸入している。

EV電池は塩湖から生まれており、日本のEV車の生産は、チリの縁故……もとい、塩湖のお陰と言って良い。

このように、砂糖と塩は、今後とも、直接食品としてだけでなく、間接的に、生物資源や鉱物資源として、自動車産業に少なからずかかわっていくと思われる。

地球温暖化

地球温暖化にも砂糖と塩がかかわっている。

いまや地球温暖化は「地球沸騰化」と言い換えられるほど、地球危機を招いている。マイナス面では、異常高温・熱波・山火事・干ばつ・水源の枯渇・豪雨・洪水・水害・海面上昇・ダム決壊・熱中症・感染症（デング熱）・生態系の損失と破壊などがあり、これらに対する対策に、脱化石燃料への切り換え、二酸化炭素（温室効果ガス）排出量の削減とそのための技術開発、生物多様性の保全、省エネ、再生可能エネルギーへの転換と供給体制（送電線網の拡充・蓄電技術の開発）の確立、低炭素社会化の推進、人口増加と貧困国への資金支援などが進められている。

砂糖の原料であるサトウキビは、前述したように、近年、地球環境への影響の一端を担う材料になっているが、かつては、サトウキビ栽培の拡大によって、ブラジルの熱帯雨林が破壊されているという地球温暖化に拍車を掛ける事態があった。

その一方で、砂糖は地球温暖化からの悪影響を受けている。

オーストラリアのクイーンズランド北部では、地球の温暖化の異常気象で、洪水や肥料・農薬の流出などの自然災害と人的災害の影響を受け、砂糖の生産量が減少している。ブラジルでは地球温暖化による干ばつでサトウキビの収穫期に乾燥し、次期の生育に影響するという事態があった。パキスタンは洪水被害によるサトウキビ収穫量が減少している。アメリカ合衆国のフロリダ州のエバーグレイズの計画的なサトウキビ栽培畑は荒廃している。

前述のように、砂糖が地球温暖化防止に一翼を担っているのは、サトウキビとその搾りかす（残滓）である「バガス」を燃料とするバイオエタノールの生産である。サトウキビのバイオエタノールの使用によって、二酸化炭素の排出防止や省エネ自動車の増産が可能になる。

アメリカ合衆国のユタ州にある塩湖グレートソルト湖が、ここ数年以内に消滅するという危機にさらされている。この塩湖は北米最大の塩湖で、湖水の塩分濃度が海水の三%よりもずっと高く、三〇%近い。塩だけでなく、湖水に生息する小型甲殻類のブラインシュリンプも、地場産業として重要な水産資源となっている。その経済効果のある両者が、湖水の減少で危機的状態にある。これは流れ込む河川の量と農業用水の利用が逆転していることや、地球温暖化による気温の上昇によって湖水の蒸発量が急増しているからである。

このように、地球は、いまや人間の成す温暖化で危機にさらされている。その温暖化で悪影響を受けたり与えたり、逆に、温暖化の防止に一翼を担っているのが砂糖であり塩なのである。

地球が誕生して海ができ、海水から生命が誕生して人類が出現し、母親の海のような胎内から生まれた赤ちゃんがまず夢中で飲むのが甘い母乳である。

人間がこの地球上で生きてゆく限り、常にかかわっているのが砂糖と塩であり、これらは人生のレシピのように、大胆に、時には微細にかかわり合って、人間に多様性を与えてくれる貴重な存在なのである。

砂糖と塩のお陰で、地球から始まったこの本書が、はからずも再び地球に戻って一周したことになる。物事の本質は、地球を輪廻的に循環するものと同様であると実感する。

恋と愛

人間の砂糖への愛は生まれながらのもので、人間には元来、甘い食べ物を好む遺伝子が組み込まれている。

恋は、愛に比べてほんの一瞬あるいは偶然の短い感情の高まりで起こり、その味は、夢のような甘い糖蜜か、死にたくなるほどの切ないレモン果汁の酸っぱさ（酸味）やニガウリの苦さ（苦味）に似ている。含羞《がんしゅう》のはかない恋のほろ苦さは、誰しもが経験しているのではなかろうか。幼い頃の初恋の甘酸っぱい淡く切ない思い出は、どちらかと言えば、レモンやカルピスのような酸っぱさのほうが強烈な思い出になる。

しかし、愛は、偶然ではなく、また甘いだけでなく、持続的な塩っぱさや苦さに加えて、長い間、幾多のつらく（辛味）、耐え難い渋さ（渋味）が付加される可能性が高い。そのため愛は、手塩に掛ける忍耐強さや受容力・寛容さが求められる。

恋愛で思うようにならず、その痛みの腹いせに仕返しをして相手を傷つけた結果、その時は満足して有頂天になったとしても（甘い）、結局あとになると、苦い塩っぱい嫌な思い出しか残らないことが多い。逆に、恋焦がれたにもかかわらず、思い通りにゆかず、裏切られ、切なく、その時に苦しくもつらい思いをしたとしても、時が経ち、あとになってみれば、その時に激しく燃えて動揺したことが、結局、得難い貴重な青春の輝き（甘さ）となって、いつまでも心に残るものである。

聖人マザー・テレサは、日本人へのメッセージで愛について語っているが、その中で、「愛とはどれほど多くのものを与えるかではなく、小さくてもどれほどの心のこもった愛を与えるかに、本当の愛がある」と言っている。

心の愛を砂糖に置き換えたい。

老人の戯言であるが、老人とは言え、肉体は衰えても、心は少年や青年時代の時のように、好奇心やドキドキ・ワクワク感をもって、ときめくと良い。こうした前向きの恋愛の記憶や軌跡は、最期が訪れた時の日々を豊穣《ほうじょう》にしてくれる。

ところで、恋愛に付き物なのが、涙である。涙は、目の涙腺内の毛細血管から得た血液が、赤血球・白血球・血小板などから成る血球を除いて分泌される体液である。主成分は水・グロブリン・リゾチーム（抗菌成分）・ラクトフェリン・リン酸塩などである。したがって、涙の成分は血液とほぼ同じである。

涙は一般に塩っぱい。怒る・軽蔑する・不快・嫌悪・恐れる・憎む・悔しい・哀しい・寂しい……と、涙は味が微妙に違ってくる。体内で使う神経が別々にあるからである。刺激が強い時の悔しい・悲しい・怒りなどの涙は、ピリピリ緊張系の交感神経が働いて興奮して水分が少なくなるため、味が濃くなって塩っぱくなる。心の底から湧いてくる強い感情の涙も塩辛い。嬉しさ・喜び・喜悦・感動・驚き・愛らしい・リラックス・楽しみなどの涙は、リラックスして笑い系の副交感神経が水分を多く出すため、カリウム・ナトリウムが少なくなり、薄味に（甘く）なる。有り難い・幸福な・懐かしいなどの感謝の涙は甘い。ドライアイや老人の涙は、一般に感情が希薄で刺激が少ないので、薄味に（甘く）なるという。

いまを生き抜くための人生の愛は、結局、いたわり合い、思いやり、ほっこりする心温まる甘い眼差しを差し向けるしかない。少なくとも、交感神経と副交感神経のバランスを保てるように、可能な限り、ゆとりと安らぎのある甘い愛に出合い、愛をつくり、育むことである。

人生

砂糖は、いままでの人生に何を教えてくれたのであろうか？　また、これから何を教えてくれるのであろうか？

言うまでもなく、砂糖の世界は、実に広く長く奥深い世界である。

それに、砂糖は、これをつくる人、運ぶ人、売る人、買う人、消費する人の、人生を変えるほどの絶大な力をもっている。

砂糖は人間にとって必要なものであり、体から欲求されるものであるから、世界の歴史上、骨肉の戦いの種となり、人間を物に変え、人間を別の人間の所有物にして、人間を暴力・残忍・屈辱・偏見・差別・虐待行為などに走らせた。

例えば、大航海時代のプランテーション農園や産業革命、そして明治維新などがそ

うであった。一方では、フランス革命のように、人間を啓蒙し、自由・平等・人権主義へと導いた。

人間は生まれた瞬間から、甘いものが好きだから、甘いものを食べながら恐い顔をする人はいない。ただ、人間は生まれながらにしてほとんど苦しくも苦い人生を辿るものであるから、最初から甘いものは甘いものとして素直に感じ、ニコニコ顔で母親に接し、抱かれ、自分の人生に安らぎを求めてきたのである。

人間は、砂糖を通して楽しく語り合い（コミュニケーション）、人間関係やコミュニティを活性化させ、心を豊かにする。砂糖を通して、人間は人間らしく生きるために必要なコツ（要領）を求めてきた。砂糖は、適度なお酒と同様に、用い方・使い方によって、多種多様な人生レシピを提供してくれる。

砂糖は、料理や調理を通して、食事をしながら、いまを悩んだり、わだかまったり、悲しんだり、ためらったり、笑ったり、喜んだり、過去を懐かしんだり、悔んだり、憎んだり、怒ったり、甘〜い誘惑にかられたり、後悔したり、思い起こして楽しんだり、未来の夢や希望を描いたり、想像したり、空想したり、断念したりする時に、なくてはならない想像以上の必需品であり、貴重な存在である。

人生を豊かにしてくれる観察力・共感力・好奇心そして感性は、脳を働かせる砂糖のお陰である。人間が五感で感じる能力、心で感じる能力、共感し感動する能力、味わう能力も、砂糖のお陰である。


前述したように、「隠し味」とは「うまみ（旨味）」の一種で、砂糖以外の調味料を使っていながらそれをみじんも感じさせない、どこにどの調味料を使ったのかわからない味のことである。

日本料理は、煮物・和え物・酢の物など、さまざまな料理に味つけを施す。つまり、砂糖によって、微妙な味の組み合わせをつくる。砂糖に他の調味料を少量加えてまろやかな味を出す。これぞ「隠し味」である。

人生も同様で、学歴・地位・名誉・財産・技量などを表に出さず、これらを深いところに蓄えておき、いつもは面白おかしく愉快にあるいは平穏に振る舞い、これらをいざという時に、何気なく、さりげなく活かし、ユーモラスに相手や周囲に配慮するところに、本当の「人生の味」と言うものがある。

塩も、砂糖と同じように、人生に何を教えてくれたのであろうか？ また、これから何を教えてくれるのであろうか？

言うまでもなく、人生に不可欠で、しかも、豊かな味わい、あるいは苦さ・塩っぱさを与えてくれるもの、それが塩である。

人生の機微や人生の悲喜交々《ひきこもごも》を表現する時、塩を振って焼いた秋刀魚のように、苦くて塩っぱい。世の中に出て、心労や辛苦を味わうことを「塩をなめる思いだ」と表現する。世の中に出て、世の中で生き抜くには、塩味のようなさまざまな心労や辛苦がつきまとうものである。そのたびに、塩は多様な人生レシピを与えてくれる。

前述したように、「塩の道」では、険しい山道を牛はモ～モ～と、ボッカはトボトボと、その先にきっと何か良いことがあるのではないかと期待しつつ、重い塩を運んだ。

誰かと一緒に歩む人生の道と同じである。いまは、もう塩を「塩の道」で運ぶことはないが、当時の経験や歴史は長く、伝統的に日本人の心の中に刻まれ、人間の人生に深く宿っているに違いない。

人生は、結局、最後には独りぼっちの旅である。この旅の道は、喜界島のサトウキビ畑の一本道のような、まっすぐで比較的平坦な道はほんの僅かしかない。多くは、上り坂・下り坂・曲がり道である。行く手の空は晴れのち曇りばかりではない。大雨・雷雨・暴風雨・嵐・大雪・吹雪・嵐の中を歩かなければならない。楽しい・嬉しい・喜ばしいことはそんなに多くない。つらさ・儚さ・空しさ・淋しさ・悲しさなどは、続くものである。

そんな時、ちょっとひと口塩を口に含んで、気力・体力・活力・知力、そして僅かな金力で、長旅の道を乗り切るしかない。


人生を「川」にたとえると、源流あるいは水源は、たいてい雪解け水か地下水かの湧き水で、一滴一滴の水がきれいなので飲料水になり、あるいは蛍狩りができそうな甘い場所である。そこは人間で言えば、生誕の地である。

中流・下流になると、さまざまな支流が合流し、濁流も混じってさまざまに河況を変える。最後は、大河の河口へと流れ海に注ぎ、塩水と混じり合って塩っぱくなる。人間で言えば、生が終わり死に場所になる。葬儀には塩が使われ清められる。

そのため人間の一生は近年「人生80年時代」から「人生100年時代」にランクアップされたが、永久的な川の流れに比べれば、ほんの儚い一生である。輪廻的には、母体の塩分から母乳の糖分へ、そして最後は、塩分のある海へと辿り着く。


人生を樹木にたとえると、土に蒔いた種や植えた苗木は、やがて芽吹き（誕生＝甘い）、春夏秋冬を経て、幹を太らせ枝を張り（青年）、風雪（塩）に耐えながら成長する（成人）。そして、花（恋や愛）を咲かせ、蝶や鳥やミツバチを引き寄せ、甘い実や酸っぱい実を結び、やがて葉や枝を落とし（老人）、幹も朽ちて土に帰る（死）。この過程で、何年も何度も風雪に耐えて成長した大樹の幹の姿を見るたびに、誰しもが畏敬の念を抱くであろう。

人間は長く生き残れば、家族や周囲に煙たがられ、汚《きたな》がられ、「フレイル」を感じさせ、「粗大ゴミ」か「老害」を与え、老醜をさらす恐れがある。原因は、主に脳細胞の萎縮か血流の障害からである。「老いては妻や子に従え」と言うが、これこそ、「老害」の何物でもないのかもしれない。したがって、五木寛之氏が言うように、「常に予兆的・警告的な『身体語』に耳を傾け、察知して、老いては自分の体感に従え！」と言うことで、老害予防策を講じなければならない。

それには、第一に、糖分と塩分、それに脂肪分を加えた栄養のバランスを基調に、規則正しい食生活と十分な睡眠で健康を維持すること。第二に、常に前向きな若い気持ちで体を動かし元気でいること。第三は、使う言葉や身なりで老けた態度を取り、年寄り臭いと疎まれることのないようにすること。第四は、自分の体感に合わせて、いつまでも好奇心としなやかなチャレンジ精神を忘れずに、ときめく人生を送ること。第五は、趣味や生きがいを見つけ、相談ができ、気兼ねなく付き合える相手を大事にし、張りのあるイキイキと生きがいを感じて、生きていることを実感し、最終的には、故瀬戸内寂聴氏が言うように「自分は元気だ、幸せだ」と思い、浄福感を味わうことである。

さて、人生に軽やかさや優美さ、喜び・豊かさを与えてくれるもの、それが塩である。塩は、砂糖と同じように、人生を豊かにしてくれる観察力・共感力・好奇心、そして感性の源であると言って良い。人生に風味を添えてくれるもの、それが「隠し味」の塩である。

人生とは、甘塩っぱく、塩甘っぽいものである。ただ、ゲーテが言うように、「苦くて塩っぱい苦難の人生でも、過ぎてしまえば甘美を帯びる人生」になる。故斎藤茂太氏は、「人生の甘い部分の中に、ちょっぴり塩を効かせよう。すると、甘みが引き立ってくる」と言った。

甘加減人生、塩加減人生、そして、いい加減人生、これこそ生き物の根源的人生である。

そしてもう一つ、サジ加減人生である。

人生は味気ないかと言うと、そうでもない。人生は甘い砂糖のように、想像力や探求心を失わない限り、夢と可能性に満ちている。逆に、人生は塩をなめるように、味気ない虚無でしかないと思えることもある。

甘味や塩味を味わってこそ、人情味ある人生の味が出てくる。人から受けた恩への気づきや他人への配慮である。おおかたの人生は、総じて甘辛人生と言えよう。

徳川家康が敷衍《ふえん》的に言ったように、「人生はやじろべえが良い。人生は心身のバランス感覚が大事で、甘過ぎてもだめだし、塩っぱく辛過ぎてもだめである。バランス人生が理想である」と言うこと。人間を磨き、心を磨きたいなら、砂糖と塩で磨け……と言うことか!!

人生の晩秋、人生の冬をどう感じ、どう過ごすか。思い出に生きるのもいいが、最後の最後まで燃え続けたいと言う人もいよう。

人生を長く生きて良いことは、長く生きなければ得られない体験や経験を味わうことができることである。また、長生きすればするほど過去の嫌なことが浄化され、むしろ貴重な宝物になっていく可能性がある。長生きすると、若い頃や過去にわからなかったことがわかり、見えなかったことが見極められ、聞こえなかったことが心から聞こえ、感じられなかったことが心底から感じられ、理解できなかったことがおのずとわかり、味わえなかったことが深く味わえるようになる。人間は歳を重ねれば重ねるほど、考えが柔軟で、寛大で、思慮深く、達観で、見識が高く、諦観で、見通しが遠大になる、という（？）。

ともあれ、老いてこそ生命の尊さ、健康な身体の有り難さ、生きる喜びなどの醍醐味が味わえる。

人生を振り返って、残りの人生、つぎの人生をどう過ごすか。多かれ少なかれ、いずれ生命の泉が枯れ、「無」の境地を迎える時が訪れるが、それまで生きている喜びをかみしめつつ、その気持ちが長く続くように身体を動かし、一日一日を無事に元気に楽しく、故日野原重明氏が言うように「健康感」をもって過ごすことだと思う。

人生は、気概《きがい》とまではいかなくとも、好奇心旺盛で目標をもって、それを達成しようとして歳を忘れるくらいなら、八十代になっても燃える老春である。それは、あたかも陽が落ちて燃え尽きようとも、なお熱量をもって赤々と照り映える茜色の残照のように！


砂糖と塩を通してみる人生レシピは、常にこの両者の相乗効果（シナジー）を巧みにつくり出し、また、前向きに共生関係を維持し、さらに、増幅させることの大切さや秘訣を実感させてくれる。かけがえのない充溢《じゅういつ》の人生レシピである。

繰り返すまでもなく、人間の人生というものは八十年であろうと百年であろうと、ほんの一瞬である。だからこそ、せめてその年齢で、その場所で、その人との出逢いは「またあるだろう」「また来るだろう」などと思わずに、即、精一杯、一期一会の心構えで事に当たることである。精一杯やる時に、少し味つけをしておけば、良い思い出になるし、つぎの糧にもなる。

甘みを出すか、塩っぱさを出すか、苦さ、辛さか、あるいは、うまみ（旨味）を出すかは、人それぞれであるが、できるならば、トータル・バランスになり得る「うまみ（旨味）」が出せれば、人生は愉快で楽しく、元気で幸せになれるし、広がりや深みを味わうことができると思う。

あとがき

実は、本書を書く動機は、著者の名前である。

小学校四年生の同じクラスの当時悪ガキの一人が、「おまえのなまえは『さとう』と『しお』だ」と言って、からかった。

それ以来、著者は自己紹介で「私は砂糖と塩と言います」を使ってきた。そして、「私は調味料ですから、皆さんの使い方によって上手く料理できるタイプです。生かすも殺すも皆さん次第です」

と付け加えることにしている。

「名前が人を変える」とまではいかないが、いまは亡き両親が、偶然にも著者の名前をこう名づけてくれたことに、いまさらながら有り難いと思っている。

これから、大事なく余命を元気で生きて過ごせる限り、甘塩っぱくてゴチャマゼな人生レシピ、とはいえ、願わくは、甘みの中に少し塩を利かせた美味しい「うまみ（旨味）」のあるレシピと言える、シニア人生レシピを歩み続けたいと思う。著者も、いまのところ、お陰様で、ささやかながら、自分の甘辛人生レシピを多少なりとも味わえているので、幸せを感じている。

著者の人生の黄金時代は、何と言っても、長年の勤務先であった日本大学商学部時代である。そこで、たいへんお世話になった多くの教職員の皆様、卒業生、それに書籍や資料のことで親身になってお世話して下さった書店「桜門書房」様に、心から謝意を表したい。

そしていま、こうして何の心配もなく本書を書くことに専念できたのは、ひとえに、妻の惜しみないサポートがあったればこそと、ただただ心の芯から感謝している。旅の道連れなどで、三息子ファミリーや親族の皆からも、何かにつけて協力し、激励してもらった。

大学同期・同僚仲間やホビー仲間にも、事あるごとに、お世話になった。感謝している。ありがとうございました。

取材の旅で「シュガーロード」の起終点とされる小倉の常盤橋界隈を案内してくれた、佐藤ゼミの卒業生・吉田浩一郎君を始め、わがゼミOB・OGの多くの皆様からも、限りないエネルギッシュな愛に満ちた励ましや熱いパワーと希望を与えて戴いた。ここで、改めて心を込めて感謝の意を表したい。本当にありがとうございました。

最後に、読者の皆様には、ごく平凡な知識の羅列で、それも知識不足や認識不足、加えて視野の狭さが目立ったかもしれない本書を、最後まで辛抱強く目を通して下さったことに、心からお礼と感謝の意を表したい。深謝の気持ちを込めて、皆様に「これからの人生、お元気で幸多かれ」とお祈りする次第である。

末筆ながら、本書の出版に当たって、文芸社の出版企画部の阿部俊孝氏を始め、編集・制作担当者の秋山氏などの皆様には並々ならぬお世話になりました。心から厚くお礼申し上げます。

著者プロフィール

佐藤 俊雄（さとう とし お）

生誕時：1940（昭和 15）年　静岡市で生まれる
幼年期：1953（昭和 28）年　前橋市立元総社小学校卒業
少年期：1956（昭和 31）年　川崎市立渡田中学校卒業
青年期：1959（昭和 34）年　神奈川県立川崎高等学校卒業
成年期：1964（昭和 39）年　横浜市立大学・文理学部卒業
壮年期：1969（昭和 44）年　日本大学大学院・理工学研究科単位取得
成熟期：1971（昭和 46）年　日本大学・商学部赴任
向老期：2010（平成 22）年　日本大学・商学部退職・・・年金生活

《主著》
『経済空間の普遍性と固有性』（中央経済社・1995 年）
『マーケティング地理学』（同文舘・1998 年）
『現代観光事業論』（同友館・2009 年）

砂糖と塩の人生レシピ

2025年２月15日　初版第１刷発行

著　者　佐藤 俊雄
発行者　瓜谷 綱延
発行所　株式会社文芸社
〒160-0022　東京都新宿区新宿１－10－１
電話　03-5369-3060（代表）
03-5369-2299（販売）

印刷所　株式会社エーヴィスシステムズ

ISBN978-4-286-25850-8